# 潜水士試験問題集

## 模範解答と解説〈120題〉

JN121000

中央労働災害防止協会

# は じ め に

　四方を海で囲まれたわが国では，古くから水中土木工事，漁業，沈没船の引き上げなどで潜水作業が行われてきました。近年ではこれらに加え，人命救助，調査，取材，レジャーダイビングなどの目的でも潜水作業が広く行われています。今日では潜水器具も進歩していますが，減圧症をはじめとする高気圧障害等の危険の存在に変わりはありません。安全な潜水業務を行うためには，正しい知識とすぐれた技術を身につけることが必要不可欠です。

　労働安全衛生関係法令では，潜水業務（潜水器を用い，かつ，空気圧縮機若しくは手押しポンプによる送気又はボンベからの給気を受けて，水中において行う業務）については，潜水士免許を受けた者でなければ就かせてはならないとされています。

　潜水士免許試験に合格するには，当協会発行の『潜水士テキスト』を十分に理解することはいうまでもありませんが，さらに本問題集を用いて理解度を確かめ，知識を深めることをお勧めします。この問題集は，過去３年間の試験問題を中心に精選して合計120問を模範解答とともに掲載したものです。このたび，最新の出題傾向に対応するべく改訂し，各問についての解説も図表を多用するなど充実させ，いっそうわかりやすいものとしています。

　本書が，潜水士免許試験合格をめざす方々のための一助となることを切に願います。なお，本書を編纂するにあたり多大なご尽力をいただいた株式会社潜水技術センター代表取締役 望月 徹氏に深く感謝いたします。


令和２年11月

中央労働災害防止協会

# 目　　次

## 潜水士試験　精選過去問題

## 模範解答と解説

## 受験の手引き

# 潜水士試験
# 精選過去問題

# 1．潜水業務

《圧力単位》

【問1】 圧力の単位に関する次の文中の［　　　］内に入れるA及びBの数値の組合せとして，正しいものは(1)～(5)のうちどれか。

「圧力計が50barを指している。この指示値をSI単位に換算すると［　A　］MPaとなり，また，この値を気圧の単位に換算するとおおむね［　B　］atmとなる。」

|  | A | B |
|---|---|---|
| (1) | 0.5 | 0.5 |
| (2) | 0.5 | 5 |
| (3) | 5 | 5 |
| (4) | 5 | 50 |
| (5) | 50 | 50 |

《平成31年4月公表問題》

《圧力全般①》

【問2】 圧力に関し，誤っているものは次のうちどれか。

 ⑴ 潜水業務において使用される圧力計には，ゲージ圧力が表示される。

 ⑵ 水深20mで潜水時に受ける圧力は，大気圧と水圧の和であり，絶対圧力で約3気圧となる。

 ⑶ 1気圧は国際単位系（SI単位）で表すと，約101.3kPa又は約0.1013MPaとなる。

 ⑷ 気体では，温度が一定の場合，圧力Pと体積Vについて$\dfrac{P}{V}=$（一定）の関係が成り立つ。

 ⑸ 静止している流体中の任意の一点では，あらゆる方向の圧力がつりあっている。

《令和元年10月公表問題》

《圧力全般②：圧力と浮力》

【問3】 圧力又は浮力に関し，誤っているものは次のうちどれか。

 ⑴ 圧力は，単位面積当たりの面に垂直方向に作用する力である。

 ⑵ 2種類以上の気体により構成される混合気体の圧力は，それぞれの気体の分圧の和に等しい。

 ⑶ 一定量の気体の圧力は，気体の絶対温度に比例し，体積に反比例する。

 ⑷ 水中にある物体は，これと同体積の水の重量に等しい浮力を受ける。

 ⑸ 海水中にある物体が受ける浮力は，同一の物体が淡水中で受ける浮力より小さい。

《令和2年4月公表問題》

《圧力全般③：圧力と浮力》

【問4】　圧力と浮力に関し，誤っているものは次のうちどれか。

⑴　水中にある物体の質量が，これと同体積の水の質量と同じ場合は，中性浮力の状態となる。

⑵　質量が一定であっても，圧縮性のある物体を水中に入れると，水深によって浮力は変化する。

⑶　海水は淡水よりも密度がわずかに大きいので，作用する浮力もわずかに大きい。

⑷　水で満たされた直径の異なる二つのシリンダが連絡している下の図の装置で，ピストンAに1Nの力を加えると，ピストンBには3Nの力が作用する。

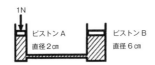

⑸　人体の表面には，大気圧下で約0.1MPa（絶対圧力）の圧力がかかっており，潜水した場合は，潜水深度に応じてこれに水圧が加わることになる。

《平成29年4月公表問題》

《浮力①》

【問5】 下の図のように，質量50gのおもりを糸でつるした，質量10g，断面積4㎠，長さ30cmの細長い円柱状の浮きが，上端を水面上に出して静止している。この浮きの上端の水面からの高さhは何cmか。

ただし，糸の質量及び体積並びにおもりの体積は無視できるものとする。

(1) 10cm

(2) 12cm

(3) 15cm

(4) 18cm

(5) 20cm

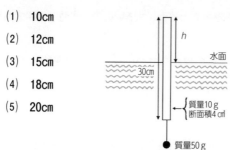

《平成30年10月公表問題》

《浮力②》

【問6】 体積50㎤で質量が400gのおもりを下の図のようにばね秤に糸でつるし，水に浸けたとき，ばね秤が示す数値に最も近いものは次のうちどれか。

(1) 300g

(2) 325g

(3) 350g

(4) 375g

(5) 400g

《令和元年10月公表問題》

《ボイルの法則①》

【問7】　体積が10Lになったら破裂するゴム風船がある。この風船に深さ15
　　　　mの水中において空気ボンベにより5Lの体積になるまで空気を注入
　　　　し浮上させたとき，この風船はどうなるか。

　　⑴　水面まで浮上しても破裂しない。

　　⑵　水深2.5mにおいて破裂する。

　　⑶　水深5mにおいて破裂する。

　　⑷　水深7.5mにおいて破裂する。

　　⑸　水深10mにおいて破裂する。

《平成29年10月公表問題》

《ボイルの法則②》

【問8】　大気圧下で2Lの空気は，水深30mでは約何Lになるか。

　　⑴　1/2L

　　⑵　1/3L

　　⑶　1/4L

　　⑷　2/3L

　　⑸　2/5L

《平成31年4月公表問題》

《ボイルの法則③》

【問9】 大気圧下で10Lの空気を注入したゴム風船がある。このゴム風船を
深さ15mの水中に沈めたとき，ゴム風船の体積を10Lに維持するため
に，大気圧下で更に注入しなければならない空気の体積として最も近
いものは次のうちどれか。

ただし，ゴム風船のゴムによる圧力は考えないものとする。

(1) 5L

(2) 10L

(3) 15L

(4) 20L

(5) 25L

《令和2年4月公表問題》


《ボイルーシャルルの法則》

【問10】 内容積12Lのボンベに空気が温度17℃，圧力18MPa（ゲージ圧力）
で充填されている。このボンベ内の空気が57℃に熱せられたときのボ
ンベ内の圧力（ゲージ圧力）に最も近いものは次のうちどれか。

ただし，0℃は絶対温度で273Kとする。

(1) 18.5MPa

(2) 19.5MPa

(3) 20.5MPa

(4) 21.5MPa

(5) 22.5MPa

《平成28年4月公表問題》

《気体の性質①》

【問11】 気体の性質に関し，誤っているものは次のうちどれか。

(1) 二酸化炭素は，人体の代謝作用や物質の燃焼によって発生する無色・無臭の気体で，人の呼吸の維持に微量必要なものである。

(2) 窒素は，無色・無臭で，常温・常圧では化学的に安定した不活性の気体であるが，高圧下では麻酔作用がある。

(3) 酸素は，無色・無臭の気体で，生命維持に必要不可欠なものであり，空気中の酸素濃度が高いほど人体に良い。

(4) 空気は，酸素，窒素，アルゴン，二酸化炭素などから構成される。

(5) 一酸化炭素は，無色・無臭の気体で，呼吸によって体内に入ると，赤血球のヘモグロビンと結合し，酸素の組織への運搬を阻害するので有毒である。

《平成30年10月公表問題》

《気体の性質②》

【問12】 気体の性質に関し，正しいものは次のうちどれか。

(1) ヘリウムは，密度が極めて大きく，他の元素と化合しにくい気体で，呼吸抵抗は少ない。

(2) 窒素は，無色・無臭で，常温・常圧では化学的に安定した不活性の気体であるが，高圧下では麻酔作用がある。

(3) 二酸化炭素は，無色・無臭の気体で，空気中に約0.3％の割合で含まれている。

(4) 酸素は，無色・無臭の気体で，生命維持に必要不可欠なものであり，空気中の酸素濃度が高いほど人体に良い。

(5) 一酸化炭素は，物質の不完全燃焼などによって生じる無色の有毒な気体であるが，異臭があるため発見は容易である。

《令和元年10月公表問題》

《ヘンリーの法則①》

【問13】 気体の液体への溶解に関し，誤っているものは次のうちどれか。

　　　ただし，温度は一定であり，その気体のその液体に対する溶解度は小さく，また，その気体はその液体と反応する気体ではないものとする。

(1) 気体が液体に接しているとき，気体はヘンリーの法則に従って液体に溶解する。

(2) 気体がその圧力下で液体に溶解して溶解度に達した状態，すなわち限度一杯まで溶解した状態を飽和という。

(3) 0.2MPa（絶対圧力）の圧力下において一定量の液体に溶解する気体の体積は，0.1MPa（絶対圧力）の圧力下において溶解する体積の2倍となる。

(4) 潜降するとき，呼吸する空気中の窒素分圧の上昇に伴って，体内に溶解する窒素量も増加する。

(5) 浮上するとき，呼吸する空気中の窒素分圧の低下に伴って，体内に溶解していた窒素が体内で気泡化することがある。

《平成29年10月公表問題》


《ヘンリーの法則②》

【問14】 窒素の水への溶解に関する次の文中の [　　　] 内に入れるA及びBの語句の組合せとして，正しいものは(1)～(5)のうちどれか。

　　　「温度が一定のとき，一定量の水に溶解する窒素の [ A ] は，その窒素の圧力に [ B ] 。」

|  | A | B |
|---|---|---|
| (1) | 質量 | かかわらず一定である |
| (2) | 質量 | 反比例する |
| (3) | 質量 | 比例する |
| (4) | 体積 | 反比例する |
| (5) | 体積 | 比例する |

《令和元年10月公表問題》

精選過去問題
【問13】→【問16】

《ヘンリーの法則③》

【問15】 20℃，1Lの水に接している0.2MPa（ゲージ圧力）の空気がある。これを0.1MPa（絶対圧力）まで減圧し，水中の窒素が空気中に放出されるための十分な時間が経過したとき，窒素の放出量（0.1MPa（絶対圧力）時の体積）に最も近いものは次のうちどれか。

ただし，空気中に含まれる窒素の割合は80％とし，0.1MPa（絶対圧力）の窒素100％の気体に接している20℃の水1Lには17㎤の窒素が溶解するものとする。

(1)　14㎤

(2)　17㎤

(3)　22㎤

(4)　27㎤

(5)　34㎤

《令和2年4月公表問題》

《ダルトンの法則①》

【問16】 200kPaの酸素9Lと500kPaの窒素3Lを，6Lの容器に封入したときの酸素の分圧Aと窒素の分圧Bとして，正しい値の組合せは(1)～(5)のうちどれか。

ただし，酸素と窒素の温度は，封入前と封入後で変わらないものとし，圧力は絶対圧力である。

|  | A | B |
|---|---|---|
| (1) | 200kPa | 500kPa |
| (2) | 250kPa | 300kPa |
| (3) | 300kPa | 250kPa |
| (4) | 350kPa | 350kPa |
| (5) | 500kPa | 200kPa |

《平成28年10月公表問題》

《ダルトンの法則②》

【問17】 空気をゲージ圧力0.2MPaに加圧したとき，窒素の分圧（絶対圧力）に最も近いものは次のうちどれか。

(1) 約0.08MPa

(2) 約0.16MPa

(3) 約0.20MPa

(4) 約0.24MPa

(5) 約0.32MPa

《平成30年4月公表問題》

《潜水の種類①》

【問18】 混合ガス潜水における温水の供給及び温水ホースに関する次の記述のうち，誤っているものはどれか。

(1) 混合ガス潜水では，深度が深いため水温が低く，潜水時間が長時間に及ぶため，保温用の温水潜水服を着用する。

(2) 混合ガス潜水において，送気ホースのほか，電話通信線，温水供給ホース，深度計測用ホース，映像・電源ケーブルなど複数のホース及びケーブル類を一体化したホース状のものをアンビリカルという。

(3) 温水潜水服では，船上の温水供給装置で海水を加温した温水がアンビリカルの温水供給ホースを介して温水潜水服へ一定流量で供給される。

(4) 温水供給ホースの内径は，潜水深度が浅い場合は1/4インチ，深い場合は3/8インチを用いる。

(5) 温水潜水服での温水供給量は，通常作業者1名当たり毎分20L以上とし，水温は適宜調整する。

《平成31年4月公表問題》

《潜水の種類②》

【問19】 潜水の種類に関し，誤っているものは次のうちどれか。

(1) 大気圧潜水とは，耐圧殻に入って人体を水圧から守り，大気圧の状態で行う潜水のことである。

(2) 環境圧潜水では，人体が潜水深度に応じた水圧を受ける。

(3) 環境圧潜水は，送気式と自給気式に分類され，安全性を向上させるため，送気式潜水でも潜水者がボンベを携行することがある。

(4) 送気式潜水には，定量送気式と応需送気式がある。

(5) 自給気式潜水で一般的に使用されている潜水器は，閉鎖回路型スクーバ式潜水器である。

《令和元年10月公表問題》

《潜水の種類③》

【問20】 潜水の種類及び方式に関し，正しいものは次のうちどれか。

(1) 硬式潜水は，潜水作業者が潜水深度に応じた水圧を直接受けて潜水する方法であり，送気方法により送気式と自給気式に分類される。

(2) ヘルメット式潜水は，金属製のヘルメットとゴム製の潜水服により構成された潜水器を使用し，操作は比較的簡単で，複雑な浮力調整が必要ない。

(3) ヘルメット式潜水は，定量送気式の潜水で，一般に船上のコンプレッサーによって送気し，比較的長時間の水中作業が可能である。

(4) 自給気式潜水で最も多く用いられている潜水器は，閉鎖循環式潜水器である。

(5) スクーバ式潜水は，機動性に最も優れた潜水方式であるので，潜水者はさがり綱（潜降索）を使用する必要はない。

《令和2年4月公表問題》

《光や音の伝播①》

【問21】 水中における光や音に関し，誤っているものは次のうちどれか。

(1) 水は空気に比べ密度が大きいので，水中では音は空気中より遠くまで伝播する。

(2) 水中では，音の伝播速度が非常に速いので，耳による音源の方向探知が容易になる。

(3) 水分子による光の吸収の度合いは，光の波長によって異なり，波長の長い赤色は，波長の短い青色より吸収されやすい。

(4) 濁った水中では，オレンジ色や黄色で蛍光性のものが視認しやすい。

(5) 澄んだ水中でマスクを通して近距離にある物を見る場合，実際の位置より近く，また大きく見える。

《平成29年4月公表問題》

《光や音の伝播②》

【問22】 水中における光や音に関し，正しいものは次のうちどれか。

(1) 水中では，物が青のフィルターを通したときのように見えるが，これは青い色が水に最も吸収されやすいからである。

(2) 水中では，音に対する両耳効果が増すので，音源の方向探知が容易になる。

(3) 光は，水と空気の境界では下の図のように屈折し，顔マスクを通して水中の物体を見た場合，実際よりも大きく見える。

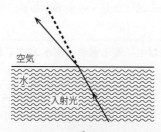

(4) 水中での音の伝播速度は，毎秒約330mである。

⑸　水は，空気と比べ密度が大きいので，水中では音は長い距離を伝播することができない。

《平成31年 4 月公表問題》

《ヘリウム》

【問23】　ヘリウムと酸素の混合ガス潜水に用いるヘリウムの特性に関し，誤っているものは次のうちどれか。

⑴　ヘリウムは，窒素と同じく不活性の気体であり，窒素のような麻酔作用を起こすことが少ないが，窒素に比べて呼吸抵抗は大きい。

⑵　ヘリウムは，酸素及び窒素と比べて，熱伝導率が大きい。

⑶　ヘリウムは，無色・無臭で燃焼や爆発の危険性がない。

⑷　ヘリウムは，体内に溶け込む量が少なく，溶け込む速度が大きいため，早く飽和する。

⑸　ヘリウムは，気体密度が小さく，いわゆるドナルドダック・ボイスと呼ばれる現象を生じる。

《平成30年10月公表問題》

《潜水業務の危険性全般①》

【問24】 潜水業務の危険性に関し，正しいものは次のうちどれか。

(1) 潮流のある場所における水中作業で潜水作業者が潮流によって受ける抵抗は，ヘルメット式潜水が最も小さく，全面マスク式潜水，スクーバ式潜水の順に大きくなる。

(2) 水中での溶接・溶断作業では，ガス爆発の危険はないが，感電する危険がある。

(3) 視界の良いときより，海水が濁って視界の悪いときの方が，サメやシャチのような海の生物による危険性が低い。

(4) 海中の生物による危険には，サンゴ，フジツボなどによる切り傷，タコ，ウツボなどによる刺し傷のほか，イモガイ類，ガンガゼなどによるかみ傷がある。

(5) 潜水作業中，海上衝突を予防するため，潜水作業船に下の図に示す国際信号書Ａ旗板を掲揚する。

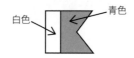

白色　　青色

《令和元年10月公表問題》

《潜水業務の危険性全般②：潮流》

【問25】 潜水業務における潮流による危険性に関し，誤っているものは次の
うちどれか。

(1) 潮流の速い水域での潜水作業は，減圧症が発生する危険性が高い。

(2) 潮流は，干潮と満潮がそれぞれ1日に通常2回ずつ起こることに
よって生じる。

(3) 潮流は，開放的な海域では弱いが，湾口，水道，海峡などの狭く，
複雑な海岸線をもつ海域では強くなる。

(4) 上げ潮と下げ潮との間に生じる潮止まりを憩流といい，潮流の強
い海域では，潜水作業はこの時間帯に行うようにする。

(5) 送気式潜水では，潮流による抵抗がなるべく小さくなるよう，下
の図のAに示すように送気ホースをたるませず，まっすぐに張るよ
うにする。

《平成29年10月公表問題》

《潜水墜落・吹き上げ①》

【問26】 ヘルメット式潜水における潜水墜落の原因として，誤っているもの
は次のうちどれか。

(1) 不適切なウエイトの装備

(2) 潜水服のベルトの締付け不足

(3) 急激な潜降

(4) さがり綱（潜降索）の不使用

(5) 吹き上げ時の処理の失敗 《平成29年10月公表問題》

《潜水墜落・吹き上げ②》

【問27】 潜水墜落又は吹き上げに関し，正しいものは次のうちどれか。

(1) 潜水墜落は，潜水服内部の圧力と水圧の平衡が崩れ，内部の圧力が水圧より高くなったときに起こる。

(2) ヘルメット式潜水では，潜水作業者が頭部を胴体より下にする姿勢をとり，逆立ちの状態になってしまったときに潜水墜落を起こすことがある。

(3) スクーバ式潜水は，送気式ではないので，潜水服としてウエットスーツ又はドライスーツのいずれを使用する場合も，吹き上げの危険性はない。

(4) 流れの速い場所でのヘルメット式潜水においては，送気ホースや信号索をたるませず，まっすぐに張るようにして潜水すると吹き上げになりにくい。

(5) 吹き上げ時の対応を誤ると，逆に潜水墜落を起こすことがある。

《令和2年4月公表問題》

《水中拘束・溺れ①》

【問28】 水中拘束又は溺れに関し，誤っているものは次のうちどれか。

(1) 送気式潜水では，水中拘束を予防するため，障害物を通過すると
きは，周囲を回ったり，下をくぐり抜けたりせずに，その上を超え
ていくようにする。

(2) スクーバ式潜水では，些細なトラブルからパニック状態に陥り，
正常な判断ができなくなり，自らくわえている潜水器を外してし
まって溺れることがある。

(3) 送気式潜水では，溺れに対する予防法として，送気ホース切断事
故を生じないよう，潜水作業船にクラッチ固定装置やスクリュー覆
いを取り付ける。

(4) 気管支や肺にまで水が入ってしまい窒息状態になって溺れる場合
だけでなく，水が気管に入っただけで呼吸が止まって溺れる場合が
ある。

(5) ヘルメット式潜水では，溺れを予防するため，救命胴衣又はＢＣ
を必ず着用する。

《令和元年10月公表問題》

《水中拘束・溺れ②》

【問29】 水中拘束又は溺れに関し，正しいものは次のうちどれか。

(1) 水中拘束によって水中滞在時間が延長した場合であっても，当初の減圧時間をきちんと守って浮上する。

(2) 送気ホースを使用しないスクーバ式潜水では，ロープなどに絡まる水中拘束のおそれはない。

(3) 沈船，洞窟などの狭いところに入る場合，ガイドロープは，潜水器に絡みつき水中拘束になるおそれがあるので，使わないようにする。

(4) 気管支や肺にまで水が入ってしまい窒息状態になって溺れる場合だけでなく，水が気道に入っただけで呼吸が止まって溺れる場合がある。

(5) ヘルメット式潜水では，溺れを予防するため，救命胴衣又はBCを必ず着用する。

《令和2年4月公表問題》


《特殊な環境》

【問30】 特殊な環境下における潜水に関し，正しいものは次のうちどれか。

(1) 河川での潜水では，流れの速さに対応して素早く行動するために，装着する鉛錘（ウエイト）の重さは少なくする。

(2) 冷水中では，ドライスーツよりウエットスーツの方が体熱の損失が少ない。

(3) 河口付近の水域は，一般に視界が悪いが，降雨により視界は向上するので，降雨後は潜水に適している。

(4) 汚染のひどい水域では，スクーバ式潜水は不適当である。

(5) 山岳部のダムなど高所域での潜水では，海面よりも環境圧が低いため，通常よりも短い減圧時間で減圧することができる。

《平成31年4月公表問題》

# 2．送気，潜降及び浮上

《送気系統①》

【問31】 ヘルメット式潜水の送気系統を示した下の図において，AからCの
設備の名称の組合せとして，正しいものは(1)～(5)のうちどれか。

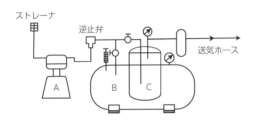

| | A | B | C |
|---|---|---|---|
| (1) | 予備空気槽 | 調節用空気槽 | 空気清浄装置 |
| (2) | 調節用空気槽 | 予備空気槽 | 空気清浄装置 |
| (3) | 調節用空気槽 | 空気清浄装置 | 予備空気槽 |
| (4) | コンプレッサー | 調節用空気槽 | 予備空気槽 |
| (5) | コンプレッサー | 予備空気槽 | 調節用空気槽 |

《平成31年4月公表問題》

《送気系統②》

【問32】 全面マスク式潜水の送気系統を示した下の図において, AからCの
設備の名称の組合せとして, 正しいものは(1)～(5)のうちどれか。

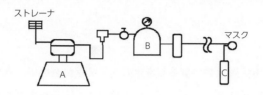

|  | A | B | C |
|---|---|---|---|
| (1) | 圧力調整装置 | 流量計 | 空気清浄装置 |
| (2) | 圧力調整装置 | 流量計 | 予備ボンベ |
| (3) | コンプレッサー | 流量計 | 空気清浄装置 |
| (4) | コンプレッサー | 調節用空気槽 | 空気清浄装置 |
| (5) | コンプレッサー | 調節用空気槽 | 予備ボンベ |

《平成29年10月公表問題》

《空気圧縮機》

【問33】 潜水業務に用いるコンプレッサーなどに関し, 誤っているものは次
のうちどれか。

(1) 予備空気槽は, コンプレッサーの故障などの事故が発生した場合
に備えて, 必要な空気をあらかじめ蓄えておくためのものである。

(2) コンプレッサーの機能・性能を保持するためには, 原動機とコン
プレッサーとの伝動部分をはじめ, 冷却装置, 圧縮部, 潤滑油部な
どについて保守・点検の必要がある。

(3) 潜水作業船に設置する固定式のコンプレッサーの空気取入口は,
機関室の外に設置する。

(4) コンプレッサーの圧縮効率は, 圧力の上昇に伴い増加する。

⑸　スクーバ式潜水のボンベの充填に用いる高圧コンプレッサーの最高充填圧力は，一般に20MPaであるが30MPaの機種もある。

《令和元年10月公表問題》

《ボンベの給気量①》

【問34】　毎分20Lの呼吸を行う潜水作業者が，水深20mにおいて，内容積14L，空気圧力19MPa（ゲージ圧力）の空気ボンベを使用してスクーバ式潜水により潜水業務を行う場合の潜水可能時間に最も近いものは次のうちどれか。

　　　ただし，空気ボンベの残圧が５MPa（ゲージ圧力）になったら浮上するものとする。

⑴　16分

⑵　32分

⑶　44分

⑷　48分

⑸　98分

《平成30年10月公表問題》

精選過去問題
【問32】→【問34】

《ボンベの給気量②》

**【問35】** 毎分20Lの呼吸を行う潜水作業者が，水深10mにおいて，内容積12L，空気圧力19MPa（ゲージ圧力）の空気ボンベを使用してスクーバ式潜水により潜水業務を行う場合の潜水可能時間に最も近いものは次のうちどれか。

ただし，空気ボンベの残圧が5MPa（ゲージ圧力）になったら浮上するものとする。

(1) 37分

(2) 42分

(3) 47分

(4) 52分

(5) 57分

《令和元年10月公表問題》


《空気槽》

**【問36】** 送気式潜水器の空気槽に関し，誤っているものは次のうちどれか。

(1) コンプレッサーから送られる圧縮空気は脈流であるが，調節用空気槽により緩和される。

(2) 調節用空気槽は，送気に含まれる水分や油分を分離する機能をもっている。

(3) 潜水作業終了後は，空気槽内の汚物を圧縮空気と一緒にドレーンコックから排出させる。

(4) 予備空気槽は，調節用空気槽と一体に組み込まれている場合は少なく，通常，独立して設けられる。

(5) 予備空気槽は，コンプレッサーの故障などの事故が発生した場合に備えて，必要な空気をあらかじめ蓄えておくための設備である。

《平成30年4月公表問題》

《送気式潜水の設備器具①》

【問37】 送気式潜水に使用する設備又は器具に関し，正しいものは次のうちどれか。

(1) コンプレッサーの空気取入口は，作業に伴う破損などを避けるため機関室の内部に設置する。

(2) コンプレッサーの圧縮効率は，圧力の上昇に伴い低下する。

(3) 流量計は，コンプレッサーと調節用空気槽の間に取り付けて，潜水作業者に送られる空気量を測る計器である。

(4) フェルトを使用した空気清浄装置は，潜水作業者に送る圧縮空気に含まれる水分と油分のほか，二酸化炭素と一酸化炭素を除去する。

(5) 終業後，調節用空気槽は，内部に0.1MPa（ゲージ圧力）程度の空気を残すようにしておく。

《平成31年4月公表問題》

【問35】→【問38】 精選過去問題

《送気式潜水の設備器具②》

【問38】 送気式潜水に使用する設備又は器具に関し，誤っているものは次のうちどれか。

(1) 始業前に，空気槽にたまった凝結水，機械油などは，ドレーンコックを開放して放出する。

(2) 始業前に，空気槽の逆止弁，安全弁，ストップバルブなどを点検し，空気漏れがないことを確認する。

(3) 潜水前には，予備空気槽の圧力がその日の最高潜水深度の圧力の1.5倍以上となっていることを確認する。

(4) 終業後，調節用空気槽は，ドレーンを排出し，内部に0.1MPa程度の空気を残すようにしておく。

(5) 予備ボンベ（緊急ボンベ）は定期的な耐圧検査が行われたものを使用し，6か月に1回以上点検するようにする。

《令和元年10月公表問題》

《送気式潜水の設備器具③》

【問39】 送気式潜水に使用する設備又は器具に関し，正しいものは次のうち
　　　　どれか。

　(1)　全面マスク式潜水では，通常，送気ホースは，呼び径が13mmのも
　　　　のが使われている。

　(2)　潜水前には，予備空気槽の圧力がその日の最高潜水深度の圧力の
　　　　1.5倍以上となっていることを確認する。

　(3)　流量計は，コンプレッサーと調節用空気槽の間に取り付けて，潜
　　　　水作業者に送られる空気量を測る計器である。

　(4)　フェルトを使用した空気清浄装置は，潜水作業者に送る圧縮空気
　　　　に含まれる水分と油分のほか，二酸化炭素と一酸化炭素を除去する。

　(5)　潜水業務終了後，調節用空気槽は，内部に0.1MPa（ゲージ圧力）
　　　　程度の空気を残すようにしておく。

《令和2年4月公表問題》


《潜降の方法①》

【問40】 送気式潜水における潜降の方法に関し，誤っているものは次のうち
　　　　どれか。

　(1)　潜降を始めるときは，潜水はしごを利用して，まず，頭部まで水
　　　　中に沈んでから潜水器の状態を確認する。

　(2)　さがり綱（潜降索）により潜降するときは，さがり綱（潜降索）
　　　　を両足の間に挟み，片手でさがり綱（潜降索）をつかむようにして
　　　　徐々に潜降する。

　(3)　熟練者が潜降するときは，さがり綱（潜降索）を用いず排気弁の
　　　　調節のみで潜降してよいが，潜降速度は毎分10m程度で行うように
　　　　する。

　(4)　潮流がある場合には，潮流によってさがり綱（潜降索）から引き
　　　　離されないように，潮流の方向に背を向けるようにする。

(5) 潮流や波浪によって送気ホースに突発的な力が加わることがある
ので，潜降中は，送気ホースを腕に1回転だけ巻きつけておき，突
発的な力が直接潜水器に及ばないようにする。

《平成31年4月公表問題》

《潜降の方法②》

【問41】　スクーバ式潜水における潜降の方法などに関し，誤っているものは
次のうちどれか。

(1) 船の舷から水面までの高さが1.5mを超えるときは，船の甲板な
どから足を先にして水中に飛び込まない。

(2) 潜降の際は，口にくわえたレギュレーターのマウスピースに空気
を吹き込み，セカンドステージの低圧室とマウスピース内の水を押
し出してから，呼吸を開始する。

(3) マスクの中に水が入ってきたときは，深く息を吸い込んでマスク
の上端を顔に押し付け，鼻から強く息を吹き出してマスクの下端か
ら水を排出する。

(4) 体調不良などで耳抜きがうまくできないときは，耳栓を使用して
耳を保護し，潜水する。

(5) 潜水中の遊泳は，通常は両腕を伸ばして体側につけて行うが，視
界のきかないときは腕を前方に伸ばして障害物の有無を確認しなが
ら行う。

《平成29年4月公表問題》

《潜降の方法③》

【問42】　スクーバ式潜水における潜降の方法などに関し，誤っているものは次のうちどれか。

　⑴　船の舷から水面までの高さが1～1.5m程度であれば，片手でマスクを押さえ，足を先にして水中に飛び込んでも支障はない。

　⑵　ドライスーツを装着して，岸から海に入る場合には，少なくとも肩の高さまで歩いていき，そこでスーツ内の余分な空気を排出する。

　⑶　BCを装着している場合，インフレーターを肩より上に上げ，排気ボタンを押して潜降を始める。

　⑷　潜水中の遊泳は，通常は両腕を伸ばして体側につけて行うが，視界のきかないときは，腕を前方に伸ばして障害物の有無を確認しながら行う。

　⑸　マスクの中に水が入ってきたときは，深く息を吸い込んでマスクの下端を顔に押し付け，鼻から強く息を吹き出してマスクの上端から水を排出する。

《令和元年10月公表問題》

《浮上の方法①》

【問43】　スクーバ式潜水における浮上の方法に関し，誤っているものは次のうちどれか。

　⑴　BCを装着したスクーバ式潜水で浮上する場合，インフレーターの排気ボタンが押せる状態で顔を上に向け，体の回転を抑えながら真上に浮上する。

　⑵　浮上速度の目安として，自分が排気した気泡を見ながら，その気泡を追い越さないような速度で浮上する。

　⑶　無停止減圧の範囲内の潜水の場合でも，水深3m前後で，5分間程度，安全のため浮上停止を行うようにする。

(4) 浮上開始の予定時間になったとき又は残圧計の針が警戒領域に入ったときは，浮上を開始する。

(5) リザーブバルブ付きボンベ使用時に，いったん空気が止まったときは，リザーブバルブを引いて給気を再開して浮上を開始する。

《平成30年10月公表問題》

《浮上の方法②》

【問44】 スクーバ式潜水における浮上の方法に関し，誤っているものは次のうちどれか。

(1) 無停止減圧の範囲内の潜水の場合でも，水深３ｍ前後で約５分，安全のため浮上停止を行うようにする。

(2) 水深が浅い場合は，救命胴衣によって速度を調節しながら浮上するようにする。

(3) 浮上開始の予定時間になったとき又は残圧計の針が警戒領域に入ったときは，浮上を開始する。

(4) 自分が排気した気泡を見ながら，その気泡を追い越さないような速度を目安として，浮上する。

(5) バディブリージングは緊急避難の手段であり，多くの危険が伴うので，実際に行うには十分な訓練が必須であり，完全に技術を習得しておかなければならない。

《令和２年４月公表問題》

《減圧理論①》

【問45】 生体の組織をいくつかの半飽和組織に分類して不活性ガスの分圧の計算を行うビュールマンのZH-L16モデルに基づく減圧方法に関し，誤っているものは次のうちどれか。

(1) 減圧計算において，半飽和組織のうち一つでも不活性ガス分圧がM値を上回ったら，より深い深度で一定時間浮上停止するものとして再計算を行う。

(2) 混合ガス潜水の場合は，窒素及びヘリウムについて，それぞれのガスの分圧及びM値を求める。

(3) 安全率を考慮し，安全率1.1でより安全な減圧を行う場合の換算M値は，

$$換算M値 = \frac{M値}{1.1}$$

により求める。

(4) 水面に浮上した後，更に繰り返して潜水を行う場合は，水上においても大気圧下での不活性ガス分圧の計算を継続する。

(5) 繰り返し潜水を行う場合は，潜水（滞底）時間を実際の倍にして計算するなど慎重な対応が必要である。

《平成31年４月公表問題，一部改変》

《減圧理論②》

【問46】 生体の組織をいくつかの半飽和組織に分類して不活性ガスの分圧の計算を行うビュールマンのZH-L16モデルにおける半飽和時間及び半飽和組織に関し，誤っているものは次のうちどれか。

(1) 半飽和時間とは，ある組織に不活性ガスが半飽和するまでにかかる時間のことである。

(2) 生体の組織を，半飽和時間の違いにより16の半飽和組織に分類し，不活性ガスの分圧を計算する。

(3)　半飽和組織は，理論上の概念として考える組織（生体の構成要素）であり，特定の個々の組織を示すものではない。

(4)　不活性ガスの半飽和時間が短い組織は血流が豊富であり，不活性ガスの半飽和時間が長い組織は血流が乏しい。

(5)　全ての半飽和組織の半飽和時間は，ヘリウムより窒素の方が短い。

《令和元年10月公表問題》

《減圧理論③》

【問47】　生体の組織をいくつかの半飽和組織に分類して不活性ガスの分圧の計算を行うビュールマンのZH-L16モデルにおけるM値及び不活性ガス分圧の計算に関し，誤っているものは次のうちどれか。

(1)　M値とは，ある環境圧力に対して身体が許容できる最大の体内不活性ガス分圧をいう。

(2)　M値は，半飽和時間が長い組織ほど小さく，潜水者が潜っている深度が深くなるほど大きい。

(3)　半飽和組織は，理論上の概念として考える組織（生体の構成要素）であり，特定の個々の組織を示すものではない。

(4)　減圧計算において，ある浮上停止深度で，不活性ガス分圧がM値を上回るときは，直前の浮上停止深度での浮上停止時間を増加させて，不活性ガス分圧がM値より小さくなるようにする。

(5)　繰り返し潜水において，作業終了後，次の作業まで水上で休息する時間を十分に設けなかった場合には，次の作業における減圧時間がより短くなる。

《令和2年4月公表問題》

《肺酸素毒性単位（UPTD）①》

【問48】 潜水作業における酸素分圧，肺酸素毒性量単位（UPTD）及び累積肺
酸素毒性量単位（CPTD）に関し，誤っているものは(1)～(5)のうちどれか。

　　なお，UPTDは，所定の加減圧区間ごとに次の式により算出される
酸素毒性の量である。

$$UPTD = t \times \left[ \frac{PO_2 - 50}{50} \right]^{0.83}$$

　$t$：当該区間での経過時間（分）
　$PO_2$：上記 $t$ の間の平均酸素分圧（kPa）
　　　（$PO_2 > 50$の場合に限る。）

(1) 一般に50kPaを超える酸素分圧にばく露されると，肺酸素中毒に
冒される。

(2) 1 UPTDは，100kPa（約1気圧）の酸素分圧に1分間ばく露され
たときの毒性単位である。

(3) 1日当たりの酸素の許容最大被ばく量は，800UPTDである。

(4) 1週間当たりの酸素の許容最大被ばく量は，2,500CPTDである。

(5) 連日作業する場合は，1日当たりの酸素ばく露量が平均化される
ようにする。

《平成29年4月公表問題》

《肺酸素毒性単位（UPTD）②》

【問49】 潜水作業における酸素分圧，肺酸素毒性量単位（UPTD）及び累積肺
酸素毒性量単位（CPTD）に関し，誤っているものは(1)～(5)のうちどれか。
なお，UPTDは，所定の加減圧区間ごとに次の式により算出される
酸素毒性の量である。

【問48】→【問49】 精選過去問題

$$UPTD = t \times \left[ \frac{PO_2 - 50}{50} \right]^{0.83}$$

$t$ ：当該区間での経過時間（分）
$PO_2$：上記 $t$ の間の平均酸素分圧（kPa）
　　　（$PO_2 > 50$の場合に限る。）

(1) 一般に，50kPaを超える酸素分圧にばく露されると，肺酸素中毒
に冒される。

(2) 1 UPTDは，100kPa（約1気圧）の酸素分圧に 1 分間ばく露され
たときの毒性単位である。

(3) 1 日あたりの酸素の許容最大被ばく量は，600UPTDである。

(4) 1 週間当たりの酸素の許容最大被ばく量は，2,500CPTDである。

(5) 酸素分圧は，原則として，180kPa以上となるようにする。

《平成30年10月公表問題》

《ヘルメット式潜水器①》

【問50】 下の図はヘルメット式潜水器のヘルメットをスケッチしたものであるが，図中に ▆▆▆ 又は ⟨＿⟩ で示すA〜Eの部分に関する次の記述のうち，誤っているものはどれか。

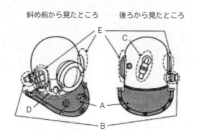

斜め前から見たところ　　後ろから見たところ

(1) Aの ▆▆▆ 部分はシコロで，潜水服の襟ゴム部分に取り付け，押さえ金と蝶ねじで固定する。

(2) Bの ⟨＿⟩ 部分は排気弁で，潜水作業者が自分の頭部を使ってこれを操作して余剰空気や呼気を排出する。

(3) Cの ⟨＿⟩ 部分は送気ホース取付部で，送気された空気が逆流することがないよう，逆止弁が設けられている。

(4) Dの ⟨＿⟩ 部分はドレーンコックで，吹き上げのおそれがある場合など緊急の排気を行うときに使用する。

(5) Eの ⟨＿⟩ 部分は側面窓で，金属製格子などが取り付けられて窓ガラスを保護している。

《平成29年4月公表問題》

《ヘルメット式潜水器②》

【問51】 ヘルメット式潜水器などに関し，誤っているものは次のうちどれか。

(1) ヘルメットの側面窓には，金属製格子などが取り付けられて窓ガラスを保護している。

(2) ドレーンコックは，潜水作業者が送気中の水分や油分をヘルメットの外へ排出するときに使用する。

(3) ヘルメット式潜水器は，ヘルメット本体とシコロで構成され，使用時には，着用した潜水服の襟ゴム部分にシコロを取り付け，押え金と蝶ねじで固定する。

(4) 腰バルブは，潜水作業者自身が送気ホースからヘルメットに入る空気量の調節を行うときに使用する。

(5) 排気弁は，これを操作して潜水服内の余剰空気や潜水作業者の呼気を排出する。　　　　　　　　　　　　　　《令和2年4月公表問題》

《スクーバ式潜水の設備器材①》

【問52】 スクーバ式潜水に用いられるボンベ，圧力調整器などに関し，次のうち誤っているものはどれか。

(1) ボンベには，クロムモリブデン鋼などの鋼合金で製造されたスチールボンベと，アルミ合金で製造されたアルミボンベがある。

(2) 残圧計には，圧力調整器の第2段減圧部からボンベの高圧空気がホースを通して送られ，ボンベ内の圧力が表示される。

(3) ボンベには，内容積が4〜18Lのものがあり，一般に19.6MPa（ゲージ圧力）の空気が充塡されている。

(4) ボンベは，耐圧，衝撃，気密などの検査が行われ，最高充塡圧力などが刻印されている。

(5) 圧力調整器は，始業前に，ボンベから送気した空気の漏れがないか，呼吸がスムーズに行えるか，などについて点検，確認する。

《平成28年4月公表問題》

《スクーバ式潜水の設備器材②》

【問53】 スクーバ式潜水に関し，誤っているものは次のうちどれか。

(1) 空気専用のボンベは，表面積の2分の1以上がねずみ色で塗色されている。

(2) ボンベ内の空気残量を把握するため取り付ける残圧計には，ボンベの高圧空気が送られる。

(3) ボンベは，終業後十分に水洗いを行い，錆(さび)の発生，キズ，破損などがないかを確認し，内部に空気を残さないようにして保管する。

(4) 圧力調整器は，高圧空気を1MPa（ゲージ圧力）前後に減圧するファーストステージ（第1段減圧部）と，更に潜水深度の圧力まで減圧するセカンドステージ（第2段減圧部）で構成される。

(5) 圧力調整器は，潜水前に，マウスピースをくわえて呼吸し，異常のないことを確認する。　　　　　　　　　《平成31年4月公表問題》

《スクーバ式潜水の設備器材③》

【問54】 スクーバ式潜水に用いられるボンベ,圧力調整器（レギュレーター）などに関し，誤っているものは次のうちどれか。

(1) スクーバ式潜水で用いるボンベは，一般に，内容積4〜18Lで，圧力150〜200MPa（ゲージ圧力）の高圧空気が充填されている。

(2) ボンベは，耐圧，衝撃，気密などの検査が行われ，最高充填圧力などが刻印されている。

(3) ボンベへの圧力調整器の取付けは，ファーストステージ（第1段減圧部）のヨークをボンベのバルブ上部にはめ込んで，ヨークスクリューで固定する。

(4) スクーバ式潜水で用いる残圧計は，内部には高圧がかかっているので，表示部の針は顔を近づけないで斜めに見るようにする。

(5) スクーバ式潜水で用いるボンベは，材質によってスチールボンベとアルミボンベがある。　　　　　　　　　《平成31年4月公表問題》

《全面マスク式潜水の設備器材》

【問55】 全面マスク式潜水器に関し，誤っているものは次のうちどれか。

　⑴　全面マスク式潜水器では，ヘルメット式潜水器に比べて多くの送気量が必要となる。

　⑵　混合ガス潜水に使われる全面マスク式潜水器には，バンドマスクタイプとヘルメットタイプがある。

　⑶　全面マスク式潜水器には，全面マスクにスクーバ用のセカンドステージレギュレーターを取り付ける簡易なタイプがある。

　⑷　全面マスク式潜水器では，水中電話機のマイクロホンは口鼻マスク部に取り付けられ，イヤホンは耳の後ろ付近にストラップを利用して固定される。

　⑸　全面マスク式潜水器は送気式潜水器であるが，小型のボンベを携行して潜水することがある。

《令和元年10月公表問題》

《スクーバ式潜水及び全面マスク式潜水の設備器材》

【問56】　スクーバ式潜水及び全面マスク式潜水に用いられるボンベ，圧力調整器（レギュレーター）などに関し，誤っているものは次のうちどれか。

(1)　ボンベに空気を充填するときは，一酸化炭素や油分が混入しないようにし，また，湿気を含んだ空気は充填しないようにする。

(2)　全面マスク式潜水で用いる圧力調整器は，高圧空気を10MPa（ゲージ圧力）前後に減圧するファーストステージ（第1段減圧部）と，更に潜水深度の圧力まで減圧するセカンドステージ（第2段減圧部）から構成される。

(3)　スクーバ式潜水で用いるボンベは，一般に，内容積4〜18Lで，圧力19.6MPa（ゲージ圧力）の高圧空気が充填されている。

(4)　スクーバ式潜水で用いる圧力調整器は，潜水前に，マウスピースをくわえて呼吸し，異常のないことを確認する。

(5)　全面マスク式潜水器のマスク内には，口と鼻を覆う口鼻マスクが取り付けられており，潜水作業者はこの口鼻マスクを介して給気を受ける。　　　　　　　　　　　　　　　　《令和元年10月公表問題》

《潜水装備全般①》

【問57】　潜水業務に必要な器具に関し，誤っているものは次のうちどれか。

(1)　水深計は，2本の指針のうち1本は現在の水深を，他の1本は潜水中の最大深度を表示するものを使用することが望ましい。

(2)　潜降索（さがり綱）は，丈夫で耐候性のある素材で作られたロープで，1〜2cm程度の太さのものとし，水深を示す目印として3mごとにマークを付ける。

(3)　全面マスク式潜水で使用するウエットスーツは，ブーツと一体となっており，潜水靴を必要としない。

(4)　スクーバ式潜水でボンベを固定するハーネスは，バックパック，ナイロンベルト及びベルトバックルで構成される。

　⑸　水中ナイフは，漁網が絡みつき，身体が拘束されてしまった場合
　　などに脱出のために必要である。

《平成30年4月公表問題》

《潜水装備全般②》

【問58】　潜水業務に使用する器具に関し，正しいものは次のうちどれか。

　⑴　BCは，これに備えられた液化炭酸ガスボンベから入れるガスに
　　より，10～20kgの浮力が得られる。

　⑵　救命胴衣は，引金を引くと圧力調整器の第1段減圧部から高圧空
　　気が出て，膨張するようになっている。

　⑶　スクーバ式潜水で使用するウエットスーツには，レギュレーター
　　から空気を入れる給気弁とスーツ内の余剰空気を排出する排気弁が
　　付いている。

　⑷　水中時計には，現在時刻や潜水経過時間を表示するだけでなく，
　　潜水深度の時間的経過の記録が可能なものもある。

　⑸　ヘルメット式潜水の場合，ヘルメット及び潜水服に重量があるの
　　で，潜水靴は，できるだけ軽量のものを使用する。

《平成30年10月公表問題》

《潜水装備全般③》

【問59】 潜水業務に使用する器具に関し，誤っているものは次のうちどれか。

(1) 救命胴衣は，引金を引くと圧力調整器のファーストステージ（第１段減圧部）から高圧空気が出て，膨張するようになっている。

(2) ドライスーツは，首部・手首部が伸縮性に富んだゴム材で作られた防水シール構造となっており，また，ブーツが一体となっている。

(3) スクーバ式潜水用ドライスーツには，レギュレーターのファーストステージから空気を入れることができる給気弁及びドライスーツ内の余剰空気を逃がす排気弁が取り付けられている。

(4) ヘルメット式潜水の場合，潜水靴は，姿勢を安定させるため，重量のあるものを使用する。

(5) さがり綱（潜降索）は，丈夫で耐候性のある素材で作られたロープで，太さ１〜２cm程度のものを使用する。

《平成31年４月公表問題》


《潜水装備全般④》

【問60】 潜水業務に必要な器具に関し，誤っているものは次のうちどれか。

(1) スクーバ式潜水で使用する足ヒレで，爪先だけ差し込み，踵をストラップで固定するものをフルフィットタイプという。

(2) スクーバ式潜水で使用するドライスーツには，空気を入れる給気弁及び余剰空気を逃がす排気弁が設けられている。

(3) 救命胴衣は，液化炭酸ガス又は空気のボンベを備え，引金を引くと救命胴衣が膨張するようになっている。

(4) ヘルメット式潜水の場合は，潜水靴は，姿勢を安定させるため，重量のあるものを使用する。

(5) 水中時計には，現在時刻や潜水経過時間を表示するだけでなく，潜水深度の時間経過の記録が可能なものもある。

《令和元年10月公表問題》

# 3．高気圧障害

《呼吸器系①》

【問61】　肺換気機能に関する次の文中の　　　　内に入れるAからCの語句の組合せとして，正しいものは(1)～(5)のうちどれか。

　　　「肺呼吸は，肺胞内の　A　が肺胞を取り巻く毛細血管内へ入り込み，一方，　B　がこの毛細血管内から肺胞内へ出ていくガス交換であり，肺でのガス交換に関与しない気道やマスクの部分を　C　という。」

精選過去問題【問59】→【問61】

|     | A | B | C |
|-----|------|----------|--------|
| (1) | 酸　素 | 二酸化炭素 | 気　胸 |
| (2) | 酸　素 | 二酸化炭素 | 空気塞栓 |
| (3) | 酸　素 | 二酸化炭素 | 死　腔 |
| (4) | 二酸化炭素 | 酸　素 | 空気塞栓 |
| (5) | 二酸化炭素 | 酸　素 | 死　腔 |

《平成30年10月公表問題》

《呼吸器系②》

【問62】 肺換気機能に関し，誤っているものは次のうちどれか。

(1) 肺呼吸は，空気中の酸素を取り入れ，血液中の二酸化炭素を排出するガス交換である。

(2) ガス交換は，肺胞及び呼吸細気管支で行われ，そこから口側の空間は，ガス交換には直接は関与していない。

(3) ガス交換に関与しない空間を死腔というが，潜水呼吸器を装着すれば死腔は増加する。

(4) 死腔が小さいほど，酸素不足，二酸化炭素蓄積が起こりやすい。

(5) 潜水中では，呼吸ガスの密度が高くなり呼吸抵抗が増すので，呼吸運動によって気道内を移動できる呼吸ガスの量は深度が増すに従って減少する。

《平成31年4月公表問題》


《呼吸器系③》

【問63】 肺の換気機能と潜水による肺の障害に関し，誤っているものは次のうちどれか。

(1) 肺の中で行われる，空気と血液の間での酸素と二酸化炭素の交換は，肺胞及び呼吸細気管支でのみ行われている。

(2) 肺の表面と胸郭内側の面は，胸膜で覆われており，両者間の空間を胸膜腔という。

(3) 肺は，筋肉活動による胸郭の拡張に伴って膨らむ。

(4) 胸膜腔は，通常，密閉状態になっているが，胸膜腔に気体が侵入し，気胸を生じると，胸郭が広がっても肺が膨らまなくなる。

(5) 潜水によって生じる肺の過膨張は，潜降時に起こりやすい。

《令和2年4月公表問題》

《循環器系①》

【問64】　下の図は，人体の血液循環の経路の一部を模式的に表したものであるが，図中の血管A及びBとそれぞれを流れる血液の特徴に関し，⑴～⑸のうち正しいものはどれか。

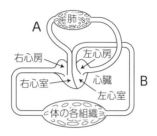

⑴　血管Aは動脈，血管Bは静脈であり，血管Aを流れる血液は，血管Bを流れる血液よりも酸素を多く含んでいる。

⑵　血管Aは動脈，血管Bは静脈であり，血管Bを流れる血液は，血管Aを流れる血液よりも酸素を多く含んでいる。

⑶　血管Aは静脈，血管Bは動脈であり，血管Aを流れる血液は，血管Bを流れる血液よりも酸素を多く含んでいる。

⑷　血管A，Bはともに動脈であり，血管Bを流れる血液は，血管Aを流れる血液よりも酸素を多く含んでいる。

⑸　血管A，Bはともに静脈であり，血管Aを流れる血液は，血管Bを流れる血液よりも酸素を多く含んでいる。

《平成30年4月公表問題》

精選過去問題
【問62】
↓
【問64】

《循環器系②》

【問65】 下の図は，人体の血液循環の経路の一部を模式的に表したものであるが，図中の血管Ａ〜Ｄのうち，酸素を多く含んだ血液が流れる血管の組合せとして，正しいものは(1)〜(5)のうちどれか。

(1) Ａ，Ｂ

(2) Ａ，Ｃ

(3) Ａ，Ｄ

(4) Ｂ，Ｃ

(5) Ｃ，Ｄ

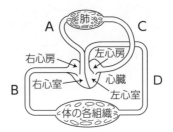

《平成30年10月公表問題》

《循環器系③》

【問66】 人体の循環器系に関し，誤っているものは次のうちどれか。

(1) 末梢組織から二酸化炭素や老廃物を受け取った血液は，毛細血管から静脈，大静脈を通って心臓に戻る。

(2) 心臓は左右の心室及び心房，すなわち四つの部屋に分かれており，血液は左心室から体全体に送り出される。

(3) 心臓の右心房に戻った静脈血は，右心室から肺静脈を通って肺に送られ，そこでガス交換が行われる。

(4) 心臓の左右の心房の間が卵円孔開存で通じていると，減圧障害を引き起こすおそれがある。

(5) 大動脈の根元から出た冠動脈は，心臓の表面を取り巻き，心筋に酸素と栄養を供給する。

《令和元年10月公表問題》

《神経系①》

【問67】 人体の神経系に関し，誤っているものは次のうちどれか。

(1) 神経系は，身体を環境に順応させたり動かしたりするために，身体の各部の動きや連携の統制をつかさどる。

(2) 神経系は，中枢神経系と末梢神経系から成る。

(3) 中枢神経系は，脳と脊髄からなり，脳は特に多くのエネルギーを消費するため，脳への酸素供給が数分間途絶えると修復困難な損傷を受ける。

(4) 末梢神経系は，体性神経と自律神経から成る。

(5) 感覚器官からの情報を中枢に伝える神経を体性神経といい，中枢からの命令を運動器官に伝える神経を自律神経という。

《平成31年4月公表問題》

《神経系②》

【問68】 神経系に関する次の文及び図中の ⬚ 内に入れるAからCの語句の組合せとして，正しいものは(1)～(5)のうちどれか。

「神経系は中枢神経系と末梢神経系に大別され，末梢神経系のうち ⬚A⬚ 神経系は ⬚B⬚ 神経と ⬚C⬚ 神経から成る。ヒトの体が刺激を受けて反応するときは，下の図のような経路で信号が伝えられる。」

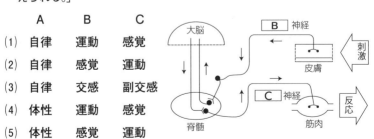

|  | A | B | C |
|---|---|---|---|
| (1) | 自律 | 運動 | 感覚 |
| (2) | 自律 | 感覚 | 運動 |
| (3) | 自律 | 交感 | 副交感 |
| (4) | 体性 | 運動 | 感覚 |
| (5) | 体性 | 感覚 | 運動 |

《令和元年10月公表問題》

《神経系③》

【問69】 人体の神経系に関し，誤っているものは次のうちどれか。

　(1) 神経系は，身体を環境に順応させたり動かしたりするために，身体の各部の動きや連携の統制をつかさどる。

　(2) 神経系は，中枢神経系と末梢神経系とに大別される。

　(3) 中枢神経系は，脳及び脊髄から成っている。

　(4) 末梢神経系は，体性神経及び自律神経から成っている。

　(5) 自律神経は，感覚神経及び運動神経から成っている。

《令和2年4月公表問題》


《体温①》

【問70】 人体に及ぼす水温の作用及び体温に関し，誤っているものは次のうちどれか。

　(1) 体温は，代謝によって生じる産熱と，人体と外部環境の温度差に基づく放熱のバランスによって一定に保たれる。

　(2) 低体温症に陥った者への処置として，濡れた衣服は脱がせて乾いた毛布や衣服で覆う方法がある。

　(3) 水の熱伝導率が空気の約10倍であるので，水中では，体温が奪われやすい。

　(4) 一般に，体温が35℃以下の状態を低体温症という。

　(5) 水中で体温が低下すると，震え，意識の混濁や消失などを起こし，死に至ることもある。

《平成31年4月公表問題》

《体温②》

【問71】 人体に及ぼす水温の作用などに関し，誤っているものは次のうちどれか。

(1) 体温は，代謝によって生じる産熱と，人体と外部環境の温度差に基づく放熱とのバランスによって保たれる。

(2) ドライスーツは，ウエットスーツに比べ保温力があり，低水温環境でも長時間潜水を行うことができる。

(3) 水の比熱は空気に比べてはるかに大きいが，熱伝導度は空気より小さい。

(4) 水中で体温が低下すると，震え，意識の混濁や消失などを起こし，死に至ることもある。

(5) 一般に，体温が35℃以下の状態を低体温症という。

《令和2年4月公表問題》

《圧外傷①》

【問72】 潜水によって生じる圧外傷に関し，正しいものは次のうちどれか。

(1) 圧外傷は，潜降又は浮上いずれのときでも生じ，潜降時のものをブロック，浮上時のものをスクィーズと呼ぶ。

(2) 潜降時の圧外傷は，潜降による圧力変化のために体腔内の空気の体積が増えることにより生じ，中耳腔，副鼻腔，面マスクの内部や潜水服と皮膚の間などで生じる。

(3) 浮上時の圧外傷は，浮上による圧力変化のために体腔内の空気の体積が減少することにより生じ，副鼻腔，肺などで生じる。

(4) 虫歯の処置後に再び虫歯になって内部に密閉された空洞ができた場合，その部分で圧外傷が生じることがある。

(5) 圧外傷は，深さ5m以上の場所での潜水の場合に限り生じる。

《令和元年10月公表問題》

《圧外傷②》

【問73】 次のAからEの高気圧障害について，圧外傷又は圧外傷によって引き起こされる障害に該当するものの組合せは(1)〜(5)のうちどれか。

    A　減圧症

    B　スクィーズ

    C　骨壊死

    D　空気塞栓症

    E　チョークス

(1)　A，C

(2)　A，D

(3)　B，D

(4)　B，E

(5)　C，E

《令和2年4月公表問題》

《圧外傷③》

【問74】 潜水によって生じる圧外傷に関し，誤っているものは次のうちどれか。

(1)　圧外傷は，水圧が身体に不均等に作用することにより生じる。

(2)　圧外傷は，潜降・浮上いずれのときでも生じ，潜降時のものをスクィーズ，浮上時のものをブロックと呼ぶことがある。

(3)　潜降時の圧外傷は，中耳腔，副鼻腔，面マスクの内部，潜水服と皮膚の間などで生じる。

(4)　深さ1.8m程度の浅い場所での潜水からの浮上でも圧外傷が生じることがある。

(5)　浮上時の肺圧外傷を防ぐためには，息を止めたまま浮上する。

《平成29年10月公表問題》

《圧外傷④：耳の障害》

【問75】潜水による耳の障害に関し，誤っているものは次のうちどれか。

(1)　中耳腔は，耳管によって咽頭と通じているが，この管は通常は閉じている。

(2)　耳の障害を防ぐため，耳抜きによって耳管を開き，鼓膜内外の圧調整を行う。

(3)　耳の障害の症状として，鼓膜の痛みや閉塞感のほか，難聴を起こすこともあり，水中で鼓膜が破裂するとめまいを生じることがある。

(4)　圧力の不均衡による内耳の損傷を防ぐには，耳抜き動作は強く行うほど効果的である。

(5)　風邪をひいたときは，炎症のため咽喉や鼻の粘膜が腫れ，耳抜きがしにくくなる。

《平成30年10月公表問題》

《圧外傷⑤：耳と副鼻腔》

【問76】　潜水による副鼻腔や耳の障害に関し，誤っているものは次のうちどれか。

(1)　潜降の途中で耳が痛くなるのは，外耳道と中耳腔との間に圧力差が生じるためである。

(2)　通常は，耳管が開いているので，外耳道の圧力と中耳腔の圧力には差がない。

(3)　耳の障害による症状には，耳の痛み，閉塞感，難聴，めまいなどがある。

(4)　副鼻腔の障害は，鼻の炎症などによって，前頭洞，上顎洞などの副鼻腔と鼻腔を結ぶ管が塞がった状態で潜水したときに起こる。

(5)　副鼻腔の障害による症状には，額の周りや目・鼻の根部の痛み，鼻出血などがある。

《令和元年10月公表問題》

《圧外傷⑥：空気塞栓症》

【問77】 潜水によって生じる空気塞栓症に関し，誤っているものは次のうちどれか。

(1) 空気塞栓症は，急浮上などによる肺の過膨張が原因となって発症する。

(2) 空気塞栓症は，肺胞の毛細血管に侵入した空気が，動脈系の末梢血管を閉塞することにより起こる。

(3) 空気塞栓症は，脳においてはほとんど認められず，ほぼ全てが心臓において発症する。

(4) 空気塞栓症は，一般的には浮上してすぐに意識障害，痙攣発作などの重篤な症状を示す。

(5) 空気塞栓症を予防するには，浮上速度を守り，常に呼吸を続けながら浮上する。　　　　　　　　　　《令和２年４月公表問題》

《ガス中毒①》

【問78】 潜水業務における二酸化炭素中毒及び一酸化炭素中毒に関し，誤っているものは次のうちどれか。

(1) ヘルメット式潜水で二酸化炭素中毒を予防するには，十分な送気を行う。

(2) 二酸化炭素中毒は，二酸化炭素が血液中の赤血球に含まれるヘモグロビンと強く結合し，酸素の運搬ができなくなるために起こる。

(3) 二酸化炭素中毒の症状には，頭痛，めまい，体のほてり，意識障害などがある。

(4) エンジンの排気ガスが，空気圧縮機の送気やボンベ内の充塡空気に混入した場合は，一酸化炭素中毒を起こすことがある。

(5) 一酸化炭素中毒の症状には，頭痛，めまい，吐き気，嘔吐などのほか，重い場合には意識障害，昏睡状態などがある。

《平成29年４月公表問題》

《ガス中毒②》

【問79】　潜水業務における二酸化炭素中毒又は酸素中毒に関し，誤っているものは次のうちどれか。

(1)　二酸化炭素中毒の症状には，頭痛，めまい，体のほてり，呼吸困難などがある。

(2)　スクーバ式潜水では，二酸化炭素中毒は生じないが，ヘルメット式潜水では，ヘルメット内に吐き出した呼気により二酸化炭素濃度が高くなって中毒を起こすことがある。

(3)　ヘルメット式潜水においては，二酸化炭素中毒を予防するため，十分な送気を行う。

(4)　二酸化炭素中毒にかかると，酸素中毒，減圧症などにかかりやすくなる。

(5)　脳酸素中毒の症状には，吐き気，めまい，視野狭窄(さく)，痙攣(けいれん)発作などがある。

《平成30年10月公表問題》

《ガス中毒③》

【問80】 潜水業務における二酸化炭素中毒に関し，誤っているものは次のうちどれか。

(1) 二酸化炭素中毒は，空気の送気量の不足によって肺でのガス交換が不十分となり，体内に二酸化炭素が蓄積して起きることがある。

(2) 二酸化炭素中毒の症状には，頭痛，めまい，体のほてり，意識障害などがある。

(3) 二酸化炭素が体内にたまると，酸素中毒，窒素酔い及び減圧症にかかりやすくなる。

(4) スクーバ式潜水では，呼気は水中に排出するので二酸化炭素中毒にかかることはない。

(5) 全面マスク式潜水では，口鼻マスクの装着が不完全な場合，漏れ出た呼気ガスを再呼吸し，二酸化炭素中毒にかかることがある。

《令和2年4月公表問題》


《酸素中毒①》

【問81】 潜水業務における酸素中毒に関し，次のうち誤っているものはどれか。

(1) 酸素中毒は，通常よりも酸素分圧が高いガスを呼吸すると起こる。

(2) 酸素中毒は，呼吸ガス中に二酸化炭素が多いときには起こりにくい。

(3) 酸素中毒は，肺が冒される肺酸素中毒と，中枢神経が冒される脳酸素中毒に大別される。

(4) 肺酸素中毒は，肺機能の低下をもたらし，致命的になることは通常は考えられないが，肺活量が減少することがある。

(5) 脳酸素中毒の症状の中には，痙攣発作があり，これが潜水中に起こると多くの場合致命的になる。

《平成28年4月公表問題》

《酸素中毒②》

【問82】　潜水業務における酸素中毒に関し，誤っているものは次のうちどれか。

⑴　酸素中毒は，中枢神経が冒される脳酸素中毒と肺が冒される肺酸素中毒に大きく分けられる。

⑵　脳酸素中毒の症状には，吐き気，めまい，痙攣（けいれん）発作などがあり，特に痙攣発作が潜水中に起こると，多くの場合致命的になる。

⑶　肺酸素中毒は，致命的になることは通常は考えられないが，肺機能の低下をもたらし，肺活量が減少することがある。

⑷　脳酸素中毒は，50kPa程度の酸素分圧の呼吸ガスを長時間呼吸したときに生じ，肺酸素中毒は，140 ～ 160kPa程度の酸素分圧の呼吸ガスを短時間呼吸したときに生じる。

⑸　炭酸ガス（二酸化炭素）中毒に罹患（り）すると，酸素中毒にも罹患しやすくなる。

《令和元年10月公表問題》

《窒素酔い①》

【問83】　窒素酔いに関し，誤っているものは次のうちどれか。

⑴　一般に，窒素分圧が0.4MPa前後になると，潜水作業者には窒素酔いの症状が現れる。

⑵　飲酒，疲労，大きな作業量，不安などは，窒素酔いを起こしやすくする。

⑶　窒素酔いにかかると，通常，気分が憂うつとなり，悲観的な考え方になる。

⑷　窒素酔いが誘因となって正しい判断ができず，重大な結果を招くことがある。

⑸　深い潜水における窒素酔いの予防のためには，呼吸ガスとして，空気の代わりにヘリウムと酸素の混合ガスなどを使用する。

《平成29年4月公表問題》

《窒素酔い②》

【問84】 窒素酔いに関し，誤っているものは次のうちどれか。

(1) 深い潜水における窒素酔いの予防のためには，呼吸ガスとして，空気の代わりにヘリウムと酸素の混合ガスなどを使用する。

(2) 潜水深度が深くなると，吸気中の窒素が酸化するため，窒素酔いが起きる。

(3) 飲酒，疲労，大きな作業量，不安などは，窒素酔いを起こしやすくする。

(4) 窒素酔いにかかると，気分が愉快になり，総じて楽観的あるいは自信過剰になるが，その症状には個人差がある。

(5) 窒素酔いが誘因となって正しい判断ができず，重大な結果を招くことがある。

《平成29年10月公表問題》

《減圧症①》

【問85】 減圧症に関し，誤っているものは次のうちどれか。

(1) 減圧症は，通常，浮上後24時間以内に発症するが，長時間の潜水や飽和潜水では24時間以上経過した後でも発症することがある。

(2) 減圧症は，関節の痛みなどを呈する比較的軽症な減圧症と，脳・脊髄や肺が冒される重症な減圧症とに大別されるが，この重症な減圧症を特にベンズという。

(3) チョークスは，血液中に発生した気泡が肺毛細血管を塞栓する重篤な肺減圧症である。

(4) 規定の浮上速度や浮上停止時間を順守しても減圧症にかかることがある。

(5) 減圧症は，潜水後に航空機に搭乗したり，高所への移動などによって低圧にばく露されたときに発症することがある。

《平成31年4月公表問題》

《減圧症②》

【問86】 減圧症に関し，誤っているものは次のうちどれか。

(1) 皮膚の痒みや皮膚に大理石斑ができる症状はしばらくすると消え，より重い症状に進むことはないので特に治療しなくてもよい。

(2) 減圧症は，皮膚の痒み，関節の痛みなどを呈する比較的軽症な減圧症と，脳，肺などが冒される比較的重症な減圧症とがある。

(3) 規定の浮上速度や浮上停止時間を順守しても減圧症にかかることがある。

(4) 減圧症は，高齢者，最近外傷を受けた人，脱水症状の人などが罹患しやすい。

(5) 作業量の多い重筋作業の潜水は，減圧症に罹患しやすい。

《令和元年10月公表問題》

《健康管理①》

【問87】 潜水作業者の健康管理に関し，誤っているものは次のうちどれか。

(1) 潜水作業者に対する健康診断では，四肢の運動機能検査，鼓膜・聴力の検査，肺活量の測定などのほか，必要な場合は，作業条件調査などを行う。

(2) 胃炎は，医師が必要と認める期間，潜水業務に就業することが禁止される疾病に該当しない。

(3) 貧血症は，医師が必要と認める期間，潜水業務に就業することが禁止される疾病に該当しない。

(4) アルコール中毒は，医師が必要と認める期間，潜水業務に就業することが禁止される疾病に該当する。

(5) 減圧症の再圧治療が終了した後しばらくは，体内にまだ余分な窒素が残っているので，そのまま再び潜水すると減圧症を再発するおそれがある。

《令和2年4月公表問題》

《健康管理②：病者の就業禁止》

【問88】 医師が必要と認める期間，潜水業務への就業が禁止される疾病に該
当しないものは，次のうちどれか。

(1) 貧血症

(2) 胃炎

(3) アルコール中毒

(4) リウマチ

(5) 肥満症

《平成31年4月公表問題》


《一次救命処置①》

【問89】 一次救命処置に関し，誤っているものは次のうちどれか。

(1) 傷病者の反応の有無を確認し，反応がない場合には，大声で叫ん
で周囲の注意を喚起し，協力を求める。

(2) 気道の確保は，頭部後屈あご先挙上法によって行う。

(3) 胸と腹部の動きを観察し，胸と腹部が上下に動いていない場合，
よくわからない場合には，心停止とみなし，心肺蘇生を開始する。

(4) 心肺蘇生は，胸骨圧迫30回に人工呼吸2回を交互に繰り返して行う。

(5) 胸骨圧迫は，胸が約5cm沈む強さで胸骨の下半分を圧迫し，1分
間に少なくとも60回のテンポで行う。

《令和元年10月公表問題》

《一次救命処置②》

【問90】 一次救命処置に関し，正しいものは次のうちどれか。

(1) 気道を確保するためには，仰向けにした傷病者のそばにしゃがみ，後頭部を軽く上げ，あごを下方に押さえる。

(2) 傷病者に普段どおりの息がない場合は，人工呼吸をまず１回行い，その後30秒間は様子を見て，呼吸，咳，体の動きなどがみられない場合に，胸骨圧迫を行う。

(3) 胸骨圧迫と人工呼吸を行う場合は，胸骨圧迫10回に人工呼吸１回を繰り返す。

(4) 胸骨圧迫は，胸が約５cm沈む強さで胸骨の下半分を圧迫し，１分間に100 ～ 120回のテンポで行う。

(5) AED（自動体外式除細動器）を用いて救命処置を行う場合には，胸骨圧迫や人工呼吸は，一切行う必要がない。

《令和２年４月公表問題》

# 4．関係法令

《空気槽①》

【問91】 全面マスク式潜水による潜水作業者に空気圧縮機を用いて送気し，
最高深度40mまで潜水させる場合に，最小限必要な予備空気槽の内容
積 V（L）を求める次の式中のAの数値として，法令上，正しいもの，
及びBの計算結果として，最も近いものの組合せは，(1)～(5)のうちど
れか。

ただし，Dは最高の潜水深度（m）であり，Pは予備空気槽内の空気
圧力（MPa,ゲージ圧力）で最高潜水深度における圧力（ゲージ圧力）
の1.5倍とする。

$$V = \frac{\boxed{A} \times (0.03D + 0.4)}{P} = \boxed{B}$$

|  | A | B |
|---|---|---|
| (1) | 40 | 85 |
| (2) | 40 | 96 |
| (3) | 40 | 107 |
| (4) | 60 | 128 |
| (5) | 60 | 160 |

《平成30年 4 月公表問題》

《空気槽②》

【問92】 空気圧縮機によって送気を行い，潜水作業者に圧力調整器を使用させて潜水業務を行わせる場合，潜水作業者ごとに備える予備空気槽の最少量の内容積V(L)を計算する式は，法令上，次のうちどれか。

　　ただし，$D$は最高の潜水深度（m），$P$は予備空気槽内の空気のゲージ圧（MPa）を示す。

(1) $V = \dfrac{40\,(0.03\,D + 0.4)}{P}$　　　　(4) $V = \dfrac{60\,(0.03\,P + 0.4)}{D}$

(2) $V = \dfrac{40\,(0.03\,P + 0.4)}{D}$　　　　(5) $V = \dfrac{80\,(0.03\,D + 0.4)}{P}$

(3) $V = \dfrac{60\,(0.03\,D + 0.4)}{P}$

《平成30年10月公表問題》

《空気槽③》

【問93】 空気圧縮機によって送気を行い，潜水作業者に圧力調整器を使用させて，最高深度が20mの潜水業務を行わせる場合に，最小限必要な予備空気槽の内容積V(L)に最も近いものは，法令上，次のうちどれか。

　　ただし，イ又はロのうち適切な式を用いて算定すること。

　　なお，$D$は最高の潜水深度（m）であり，$P$は予備空気槽内の空気圧力（MPa，ゲージ圧力）で0.7MPa（ゲージ圧力）とする。

イ　$V = \dfrac{40\,(0.03\,D + 0.4)}{P}$　　　　ロ　$V = \dfrac{60\,(0.03\,P + 0.4)}{P}$

(1) 50L

(2) 58L

(3) 67L

(4) 75L

(5) 86L

《令和２年４月公表問題》

《送気設備①》

【問94】 次の文中の ［　　］ 内に入れる A 及び B の数値の組合せとして，法令上，正しいものは(1)～(5)のうちどれか。

「潜水作業者に圧力調整器を使用させる場合には，潜水作業者ごとに，その水深の圧力下において毎分 ［ A ］ L 以上の送気を行うことができる空気圧縮機を使用し，かつ，送気圧をその水深の圧力に ［ B ］ MPa を加えた値以上としなければならない。」

　　　 A 　　 B
(1) 　70 　　0.7
(2) 　60 　　0.8
(3) 　60 　　0.6
(4) 　40 　　0.8
(5) 　40 　　0.7

《平成30年 4 月公表問題》

《送気設備②》

【問95】 空気圧縮機により送気する場合の設備に関し，法令上，誤っているものは次のうちどれか。

(1) 送気を調節するための空気槽は，潜水作業者ごとに設けなければならない。

(2) 予備空気槽内の空気の圧力は，常時，最高の潜水深度に相当する圧力以上でなければならない。

(3) 送気を調節するための空気槽が予備空気槽の内容積等の基準に適合するものであるときは，予備空気槽を設けることを要しない。

(4) 予備空気槽の内容積等の基準に適合する予備ボンベを潜水作業者に携行させるときは，予備空気槽を設けることを要しない。

(5) 潜水作業者に圧力調整器を使用させるときは送気圧を計るための圧力計を，それ以外のときは送気量を計るための流量計を設けなければならない。

《平成31年 4 月公表問題》

《送気設備③》

【問96】 潜水作業者に圧力調整器を使用させない潜水方式の場合，大気圧下
で送気量が毎分210Lの空気圧縮機を用いて送気するとき，法令上，潜
水できる最高の水深は，次のうちどれか。

　(1)　20m

　(2)　25m

　(3)　30m

　(4)　35m

　(5)　40m

《平成28年4月公表問題》

《特別教育①》

【問97】 潜水業務に伴う業務に係る特別の教育に関し，法令上，誤っている
ものは次のうちどれか。

　(1)　潜水作業者への送気の調節を行うためのバルブ又はコックを操作
する業務に就かせるときは，特別の教育を行わなければならない。

　(2)　再圧室を操作する業務に就かせるときは，特別の教育を行わなけ
ればならない。

　(3)　空気圧縮機及び空気槽の点検の業務に就かせるときは，特別の教
育を行わなければならない。

　(4)　特別の教育を行ったときは，その記録を作成し，これを3年間保
存しなければならない。

　(5)　特別の教育の科目の全部又は一部について十分な知識及び技能を
有していると認められる労働者については，その科目についての教
育を省略することができる。

《平成30年4月公表問題》

《特別教育②》

【問98】 再圧室を操作する業務（再圧室操作業務）及び潜水作業者への送気の調節を行うためのバルブ，又はコックを操作する業務（送気調節業務）に従事する労働者に対して行う特別教育に関し，法令上，定められていないものは次のうちどれか。

(1) 再圧室操作業務に従事する労働者に対して行う特別教育の教育事項には，高気圧障害の知識に関すること，救急再圧法に関すること及び関係法令が含まれている。

(2) 再圧室操作業務に従事する労働者に対して行う特別教育の教育事項には，救急蘇生法に関すること並びに再圧室の操作及び救急蘇生法に関する実技が含まれている

(3) 送気調節業務に従事する労働者に対して行う特別教育の教育事項には，送気設備の構造に関すること及び空気圧縮機の運転に関する実技が含まれている。

(4) 送気調節業務に従事する労働者に対して行う特別教育の教育事項には，潜水業務に関する知識に関すること，高気圧障害の知識に関すること及び関係法令が含まれている。

(5) 特別教育の科目の全部又は一部について，十分な知識及び技能を有していると認められる労働者については，その科目についての教育を省略することができる。

《平成29年10月公表問題》

精選過去問題【問96】→【問98】

《特別教育③》

【問99】 安全衛生教育に関し，法令上，誤っているものは次のうちどれか。

(1) 労働者を雇い入れたときは，その労働者に対し，原則として，従事する業務に関する一定の事項について，安全又は衛生のための教育を行わなければならない。

(2) 労働者の作業内容を変更したときは，その労働者に対し，原則として，従事する業務に関する一定の事項について，安全又は衛生のための教育を行わなければならない。

(3) 特定の危険又は有害な業務に労働者をつかせるときは，原則として，従事する業務に関する安全又は衛生のための特別の教育を行わなければならない。

(4) 安全又は衛生のための特別の教育の科目の全部又は一部について十分な知識及び技能を有していると認められる労働者については，その科目についての安全又は衛生のための特別の教育を省略することができる。

(5) 潜水業務を行うときには，「潜水作業者への送気の調節を行うためのバルブ又はコックを点検する業務」に従事する労働者に対して特別の教育を行わなければならない。

《令和2年4月公表問題》

《潜降・浮上①》

【問100】 携行させたボンベ（非常用のものを除く。）からの給気を受けて行う潜水業務に関し，法令上，誤っているものは次のうちどれか。

(1) 潜降直前に，潜水作業者に対し，当該潜水業務に使用するボンベの現に有する給気能力を知らせなければならない。

(2) 圧力0.5MPa（ゲージ圧力）以上の気体を充塡したボンベからの給気を受けさせるときは，２段以上の減圧方式による圧力調整器を潜水作業者に使用させなければならない。

(3) 潜水作業者に異常がないかどうかを監視するための者を置かなければならない。

(4) 潜水深度が10m未満の潜水業務でも，さがり綱（潜降索）を使用させなければならない。

(5) さがり綱（潜降索）には，３mごとに水深を表示する木札又は布等を取り付けておかなければならない。　《令和元年10月公表問題》

《潜降・浮上②》

【問101】 潜水業務における潜降，浮上等に関し，法令上，誤っているものは次のうちどれか。

(1) 潜水作業者の潜降速度については，制限速度の定めがない。

(2) 潜水作業者の浮上速度は,事故のため緊急浮上させる場合を除き,毎分10m以下としなければならない。

(3) 圧力１MPa（ゲージ圧力）以上の気体を充塡したボンベからの給気を受けさせるときは，２段以上の減圧方式による圧力調整器を潜水作業者に使用させなければならない。

(4) 緊急浮上後，潜水作業者を再圧室に入れて加圧するときは，毎分0.1MPa以下の速度で行わなければならない。

(5) さがり綱（潜降索）には，３mごとに水深を表示する木札又は布等を取り付けておかなければならない。　《令和２年４月公表問題》

《ガス分圧制限》

【問102】潜水作業において一定の範囲内に収めなければならないとされている，潜水作業者が吸入する時点のガス分圧に関し，法令上，誤っているものは次のうちどれか。

(1) 酸素の分圧は，18kPa未満であってはならない。

(2) 酸素の分圧は，原則として160kPaを超えてはならない。

(3) 窒素の分圧は，400kPaを超えてはならない。

(4) ヘリウムの分圧は，400kPaを超えてはならない。

(5) 炭酸ガスの分圧は，0.5kPaを超えてはならない。

《平成29年 4 月公表問題》

《点検①》

【問103】スクーバ式の潜水業務を行うとき，潜水前の点検が義務付けられている潜水器具の組合せとして，法令上，正しいものは次のうちどれか。

(1) さがり綱，水中時計

(2) 水中時計，送気管

(3) 信号索，圧力調整器

(4) 送気管，潜水器

(5) 潜水器，圧力調整器　　　　《平成26年 4 月公表問題》

《点検②》

【問104】空気圧縮機による送気式の潜水業務を行うとき，法令上，潜水前の点検が義務付けられていない潜水器具は次のうちどれか。

(1) さがり綱

(2) 水中時計

(3) 信号索

(4) 送気管

(5) 潜水器　　　　　　　　　　《平成30年 4 月公表問題》

《点検③》

【問105】法令上，空気圧縮機により送気して行う潜水業務を行うときは，特定の設備・器具について一定期間ごとに1回以上点検しなければならないと定められているが，次の設備・器具とその期間との組合せのうち，誤っているものはどれか。

(1) 空気圧縮機……………………………………1週

(2) 水深計…………………………………………1か月

(3) 送気する空気を清浄にするための装置……3か月

(4) 水中時計………………………………………3か月

(5) 送気量を計るための流量計…………………6か月

《平成31年4月公表問題》

《点検④》

【問106】潜水業務に関し，法令に基づき記録することが義務付けられている記録，書類等とその保存年限との次の組合せのうち，法令上，誤っているものはどれか。

(1) 再圧室設置時に行う送気設備等の作動の状況の点検の結果の記録
……………………………………………………3年間

(2) 再圧室使用時の加圧及び減圧の状況を記録した書類………5年間

(3) 潜水前に行う潜水器及び圧力調整器の点検の概要の記録…3年間

(4) 潜水業務を行った潜水作業者の氏名及び減圧の日時を記載した書類
……………………………………………………3年間

(5) 作業計画を記録した書類………………………………5年間

《令和2年4月公表問題》

精選過去問題 【問102】→【問106】

《連絡員①》

【問107】潜水業務における連絡員の配置及びその職務に関し，法令上，誤っているものは次のうちどれか。

(1) 送気式による潜水業務及び自給気式による潜水業務を行うときは，潜水作業者2人以下ごとに1人の連絡員を配置する。

(2) 連絡員は，潜水作業者と連絡して，その者の潜降及び浮上を適正に行わせる。

(3) 連絡員は，潜水作業者への送気の調節を行うためのバルブ又はコックを操作する業務に従事する者と連絡して，潜水作業者に必要な量の空気を送気させる。

(4) 連絡員は，送気設備の故障その他の事故により，潜水作業者に危険又は健康障害の生ずるおそれがあるときは，速やかに潜水作業者に連絡する。

(5) 連絡員は，ヘルメット式潜水器を用いて行う潜水業務にあっては，潜降直前に潜水作業者のヘルメットがかぶと台に結合されているかどうかを確認する。

《平成28年10月公表問題》

《連絡員②》

【問108】送気式潜水器を用いる潜水業務における連絡員に関し，法令上，誤っているものは次のうちどれか。

(1) 連絡員については，潜水作業者2人以下ごとに1人配置する。

(2) 連絡員は，潜水作業者と連絡して，その者の潜降及び浮上を適正に行わせる。

(3) 連絡員は，潜水作業者への送気の調節を行うためのバルブ又はコックを操作する業務に従事する者と連絡して，潜水作業者に必要な量の空気を送気させる。

(4) 連絡員は，送気設備の故障その他の事故により，潜水作業者に危険又は健康障害の生ずるおそれがあるときは，速やかにバルブ又はコックを操作する業務に従事する者に連絡する。

(5) 連絡員は，ヘルメット式潜水器を用いて行う潜水業務にあっては，潜降直前に潜水作業者のヘルメットがかぶと台に結合されているかどうかを確認する。

《令和2年4月公表問題》

《携行物①》

【問109】 潜水業務とこれに対応して潜水作業者に携行，着用させなければならない物との組合せとして，法令上，正しいものは次のうちどれか。

(1) 空気圧縮機により送気して行う潜水業務（通話装置がない場合）
……信号索，水中時計，コンパス，鋭利な刃物

(2) 空気圧縮機により送気して行う潜水業務（通話装置がある場合）
……水中時計，水深計，鋭利な刃物

(3) ボンベ（潜水作業者に携行させたボンベを除く。）からの給気を受けて行う潜水業務（通話装置がない場合）
……救命胴衣又は浮力調整具，信号索，水中時計，水深計

(4) ボンベ（潜水作業者に携行させたボンベを除く。）からの給気を受けて行う潜水業務（通話装置がある場合）
……信号索，水中時計，コンパス

(5) 潜水作業者に携行させたボンベからの給気を受けて行う潜水業務
……救命胴衣又は浮力調整具，水中時計，水深計，鋭利な刃物

《平成30年10月公表問題》

《携行物②》

【問110】潜水作業者の携行物に関する次の文中の □ 内に入れるA及び
Bの語句の組合せとして，法令上，正しいものは(1)～(5)のうちどれか。
「空気圧縮機により送気して行う潜水業務を行うときは，潜水作
業者に，信号索，水中時計，水深計及び A を携行させなけ
ればならない。ただし，潜水作業者と連絡員とが通話装置により
通話することができるようにしたときは，潜水作業者に水中時
計， B を携行させないことができる。」

         A            B

(1)  コンパス     水深計及びコンパス

(2)  コンパス     信号索及びコンパス

(3)  水中ライト   信号索及び水深計

(4)  鋭利な刃物   信号索及び水深計

(5)  鋭利な刃物   水深計及び鋭利な刃物　《令和2年4月公表問題》

《携行物③》

【問111】潜水作業者の携行物に関する次の文中の □ 内に入れるA及び
Bの語句の組合せとして，法令上，正しいものは(1)～(5)のうちどれか。
「潜水作業者に携行させたボンベからの給気を受けて行う潜水業
務を行うときは，潜水作業者に，水中時計， A 及び鋭利な刃
物を携行させるほか，救命胴衣又は B を着用させなければな
らない。」

         A            B

(1)  浮上早見表   浮力調整具

(2)  コンパス     浮力調整具

(3)  コンパス     ハーネス

(4)  水深計       浮力調整具

(5)  水深計       ハーネス　《平成28年10月公表問題》

《健康診断①》

【問112】潜水業務に常時従事する労働者に対して行う高気圧業務健康診断において，法令上，実施することが義務付けられていない項目は次のうちどれか。

(1)　既往歴及び高気圧業務歴の調査

(2)　四肢の運動機能の検査

(3)　血圧の測定並びに尿中の糖及び蛋白の有無の検査

(4)　視力の測定

(5)　肺活量の測定

《平成31年 4 月公表問題》


《健康診断②》

【問113】潜水業務に常時従事する労働者に対して行う高気圧業務健康診断に関し，法令上，誤っているものは次のうちどれか。

(1)　雇入れの際，潜水業務への配置替えの際及び定期に，一定の項目について，医師による健康診断を行わなければならない。

(2)　定期の健康診断は，潜水業務についた後 6 か月以内ごとに 1 回行わなければならない。

(3)　水深10m未満の場所で潜水業務に常時従事する労働者についても，健康診断を行わなければならない。

(4)　健康診断結果に基づいて，高気圧業務健康診断個人票を作成し，これを 5 年間保存しなければならない。

(5)　雇入れの際及び潜水業務への配置替えの際の健康診断を行ったときは，遅滞なく，高気圧業務健康診断結果報告書を所轄労働基準監督署長に提出しなければならない。

《令和 2 年 4 月公表問題》

《再圧室①》

【問114】再圧室に関し，法令上，誤っているものは次のうちどれか。

　(1)　水深10m以上の場所における潜水業務を行うときは，再圧室を設置し，又は利用できるような措置を講じなければならない。

　(2)　再圧室を使用するときは，出入に必要な場合を除き，主室と副室との間の扉を閉じ，かつ，それぞれの内部の圧力を等しく保たなければならない。

　(3)　再圧室を使用したときは，1週をこえない期間ごとに，使用した日時並びに加圧及び減圧の状況を記録しなければならない。

　(4)　再圧室については，設置時及びその後1か月をこえない期間ごとに一定の事項について点検しなければならない。

　(5)　再圧室の内部に，危険物その他発火若しくは爆発のおそれのある物又は高温となって可燃物の点火源となるおそれのある物を持ち込むことを禁止しなければならない。

《平成30年10月公表問題》


《再圧室②》

【問115】再圧室の設置時及びその後1か月をこえない期間ごとに行う点検の事項として，法令上，義務付けられていないものは次のうちどれか。

　(1)　送気設備及び排気設備の作動の状況

　(2)　通話装置及び警報装置の作動の状況

　(3)　電路の漏電の有無

　(4)　電気機械器具及び配線の損傷その他異常の有無

　(5)　主室と副室間の扉の異常の有無

《令和元年10月公表問題》

《再圧室③》

【問116】再圧室に関する次のAからDの記述について，法令上，正しいものの組合せは(1)～(5)のうちどれか。

  A 水深10m以上の場所における潜水業務を行うときは，再圧室を設置し，又は利用できるような措置を講じなければならない。

  B 再圧室を使用するときは，再圧室の操作を行う者に加圧及び減圧の状態その他異常の有無について常時監視させなければならない。

  C 再圧室は，出入に必要な場合を除き，主室と副室との間の扉を閉じ，かつ，副室の圧力は主室の圧力よりも低く保たなければならない。

  D 再圧室については，設置時及びその後3か月をこえない期間ごとに一定の事項について点検しなければならない。

(1) A，B

(2) A，C

(3) A，D

(4) B，C

(5) C，D

《令和2年4月公表問題》

精選過去問題
【問114】→【問116】

《潜水士免許①》

【問117】潜水士免許に関し，法令上，誤っているものは次のうちどれか。

　⑴　満18歳に満たない者は，免許を受けることができない。

　⑵　潜水業務に現に就いている者が，免許証を滅失したときは，所轄労働基準監督署長から免許証の再交付を受けなければならない。

　⑶　免許証を他人に譲渡し，又は貸与したときは，免許を取り消されることがある。

　⑷　重大な過失により，潜水業務について重大な事故を発生させたときは，免許を取り消されることがある。

　⑸　潜水業務に就こうとする者が，氏名を変更したときは，免許証の書替えを受けなければならない。　　　《平成30年10月公表問題》

《潜水士免許②》

【問118】潜水士免許に関する次のAからDの記述について，法令上，誤っているものの組合せは⑴〜⑸のうちどれか。

　A　水深10m未満での潜水業務については，免許は必要でない。

　B　満18歳に満たない者は，免許を受けることができない。

　C　故意又は重大な過失により，潜水業務について重大な事故を発生させたときは，免許の取消し又は免許の効力の一時停止の処分を受けることがある。

　D　免許証を滅失又は損傷したときは，免許証再交付申請書を労働基準監督署長に提出して免許証の再交付を受けなければならない。

　⑴　A，B

　⑵　A，C

　⑶　A，D

　⑷　B，C

　⑸　B，D　　　　　　　　　　　　　　《令和元年10月公表問題》

《構造規格①》

【問119】次の設備・器具のうち，法令上，厚生労働大臣が定める規格を具備
しなければ，譲渡し，貸与し，又は設置してはならないものはどれか。

(1) 潜水業務に用いる空気清浄装置

(2) 潜水業務に用いる流量計

(3) 潜水業務に用いる送気管

(4) 潜水器

(5) 潜水服

《平成30年10月公表問題》

《構造規格②》

【問120】厚生労働大臣が定める規格を具備しなければ，譲渡し，貸与し，又
は設置してはならない設備・器具の組合せとして，正しいものは次の
うちどれか。

(1) 空気清浄装置，潜水器

(2) 空気清浄装置，再圧室

(3) 再圧室，空気圧縮機

(4) 潜水器，再圧室

(5) 潜水器，空気圧縮機

《令和元年10月公表問題》

精選過去問題 【問117】→【問120】

# 模範解答と解説

# 模範解答

## 1. 潜水業務

| 【問1】 | 【問2】 | 【問3】 | 【問4】 | 【問5】 | 【問6】 | 【問7】 | 【問8】 |
|---|---|---|---|---|---|---|---|
| (4) | (4) | (5) | (4) | (3) | (3) | (2) | (1) |

| 【問9】 | 【問10】 | 【問11】 | 【問12】 | 【問13】 | 【問14】 | 【問15】 | 【問16】 |
|---|---|---|---|---|---|---|---|
| (3) | (3) | (3) | (2) | (3) | (3) | (4) | (3) |

| 【問17】 | 【問18】 | 【問19】 | 【問20】 | 【問21】 | 【問22】 | 【問23】 | 【問24】 |
|---|---|---|---|---|---|---|---|
| (4) | (4) | (5) | (3) | (2) | (3) | (1) | (5) |

| 【問25】 | 【問26】 | 【問27】 | 【問28】 | 【問29】 | 【問30】 |
|---|---|---|---|---|---|
| (5) | (2) | (5) | (5) | (4) | (4) |

## 2. 送気, 潜降及び浮上

| 【問31】 | 【問32】 | 【問33】 | 【問34】 | 【問35】 | 【問36】 | 【問37】 | 【問38】 |
|---|---|---|---|---|---|---|---|
| (5) | (5) | (4) | (2) | (2) | (4) | (2) | (4) |

| 【問39】 | 【問40】 | 【問41】 | 【問42】 | 【問43】 | 【問44】 | 【問45】 | 【問46】 |
|---|---|---|---|---|---|---|---|
| (2) | (3) | (4) | (5) | (1) | (2) | (2) | (5) |

| 【問47】 | 【問48】 | 【問49】 | 【問50】 | 【問51】 | 【問52】 | 【問53】 | 【問54】 |
|---|---|---|---|---|---|---|---|
| (5) | (3) | (5) | (4) | (2) | (2) | (3) | (1) |

| 【問55】 | 【問56】 | 【問57】 | 【問58】 | 【問59】 | 【問60】 |
|---|---|---|---|---|---|
| (1) | (2) | (3) | (4) | (1) | (1) |

## 3．高気圧障害

| 【問61】 | 【問62】 | 【問63】 | 【問64】 | 【問65】 | 【問66】 | 【問67】 | 【問68】 |
|---|---|---|---|---|---|---|---|
| (3) | (4) | (5) | (4) | (5) | (3) | (5) | (5) |

| 【問69】 | 【問70】 | 【問71】 | 【問72】 | 【問73】 | 【問74】 | 【問75】 | 【問76】 |
|---|---|---|---|---|---|---|---|
| (5) | (3) | (3) | (4) | (3) | (5) | (4) | (2) |

| 【問77】 | 【問78】 | 【問79】 | 【問80】 | 【問81】 | 【問82】 | 【問83】 | 【問84】 |
|---|---|---|---|---|---|---|---|
| (3) | (2) | (2) | (4) | (2) | (4) | (3) | (2) |

| 【問85】 | 【問86】 | 【問87】 | 【問88】 | 【問89】 | 【問90】 |
|---|---|---|---|---|---|
| (2) | (1) | (3) | (2) | (5) | (4) |

## 4．関係法令

| 【問91】 | 【問92】 | 【問93】 | 【問94】 | 【問95】 | 【問96】 | 【問97】 | 【問98】 |
|---|---|---|---|---|---|---|---|
| (3) | (1) | (2) | (5) | (2) | (2) | (3) | (3) |

| 【問99】 | 【問100】 | 【問101】 | 【問102】 | 【問103】 | 【問104】 | 【問105】 | 【問106】 |
|---|---|---|---|---|---|---|---|
| (5) | (2) | (4) | (4) | (5) | (2) | (3) | (4) |

| 【問107】 | 【問108】 | 【問109】 | 【問110】 | 【問111】 | 【問112】 | 【問113】 | 【問114】 |
|---|---|---|---|---|---|---|---|
| (1) | (4) | (5) | (4) | (4) | (4) | (5) | (3) |

| 【問115】 | 【問116】 | 【問117】 | 【問118】 | 【問119】 | 【問120】 |
|---|---|---|---|---|---|
| (5) | (1) | (2) | (3) | (4) | (4) |

# 1．潜水業務

《圧力単位》

【問1】

　圧力の単位に関する次の文中の　　　　内に入れるA及びBの数値の組合せとして，正しいものは(1)～(5)のうちどれか。

「圧力計が50barを指している。この指示値をSI単位に換算すると　A　MPaとなり，また，この値を気圧の単位に換算するとおおむね　B　atmとなる。」

|  | A | B |
|---|---|---|
| (1) | 0.5 | 0.5 |
| (2) | 0.5 | 5 |
| (3) | 5 | 5 |
| (4) | 5 | 50 |
| (5) | 50 | 50 |

（平成31年4月公表問題）

【正解】　正しいものは，(4)。

　圧力の単位は国際単位系（略称：SI）を用いることが計量法によって定められており，圧力のSI単位は「Pa：パスカル」です。しかしながら，長年の慣習などにより，潜水では，現在でも様々な圧力単位が用いられているので注意が必要です。欧米でよく用いられる圧力単位に「bar：バール」があります。barはSI単位ではありませんが，気象関係で長年使用されていることからSI単位との併用が認められています。1 barをSI単位（Pa）に換算すると，

**潜水で用いられる
圧力の単位**

| |
|---|
| 1 気圧＝1atm |
| ＝1,033kg /㎠ |
| ＝1013.0hPa |
| ＝101.3kPa |
| ＝0.1013MPa |
| ＝1.013bar |
| ＝10msw |

(参考) msw (メートル海水) は,
その水深における水圧を表す。

$$1\,\text{bar} = 100\text{kPa} = 0.1\text{MPa}$$

となります。

「気圧」も潜水ではよく用いられる圧力単位の一つです。海面の気圧が基準であり，これを1気圧としています。なお，水深10mでの圧力（水圧）は，ほぼ1気圧に相当します。また，単位記号としては，大気を表す英単語「atmosphere」を略した「atm」が用いられています。1atmをSI単位（Pa）に換算すると以下のようになります。

$$1\,\text{atm} = 101.3\text{kPa} = 0.1013\text{MPa}$$

これらから，問題文にある50barをMPaで示せば，

$$50(\text{bar}) = 0.1 \times 50 = 5(\text{MPa})$$

となり，これをatmに換算すれば，

$$5(\text{MPa}) = 5 \div 0.1013 = 49.358(\text{atm}) \fallingdotseq 50(\text{atm})$$

となります[※]。したがって，Aは5（MPa），Bは50（atm）となるため選択肢(4)が正解となります。

※　本問のように,概算でも正解を絞ることができる設問の場合,次のように考えてもよい。
　　$1\,\text{atm} \fallingdotseq 100\text{kPa} = 0.1\text{MPa} = 1\text{bar}$
　　したがって，$50\text{bar} = 5\text{MPa} \fallingdotseq 50\text{atm}$

《圧力全般①》

【問2】

　圧力に関し，誤っているものは次のうちどれか。
(1)　潜水業務において使用される圧力計には，ゲージ圧力が表示される。
(2)　水深20mで潜水時に受ける圧力は，大気圧と水圧の和であり，絶対圧力で約3気圧となる。
(3)　1気圧は国際単位系（SI単位）で表すと，約101.3kPa又は約0.1013MPaとなる。
(4)　気体では，温度が一定の場合，圧力$P$と体積$V$について$\dfrac{P}{V}=$（一定）の関係が成り立つ。
(5)　静止している流体中の任意の一点では，あらゆる方向の圧力がつりあっている。

（令和元年10月公表問題）

解説
【問2】

【正解】　誤っているものは，(4)。

　気体の圧力と体積の関係は「ボイルの法則」に従います。これは，「温度一定のとき，気体の体積は圧力の変化に反比例する」というもので，圧力が高くなれば気体の体積はそれに反比例して減少し，圧力が低くなれば体積は増加します。これを式で示すと次式のようになります。

　　$PV=$一定
　　［ここで，$P$：気体の圧力，$V$：気体の体積］

　上式からも明らかなように，気体の圧力が2倍になれば，体積は2分の1になります。逆に圧力が2分の1に減少すれば，体積は2倍に大きくなります。潜水で水深10m（2絶対気圧）から息を止めたまま水面（1気圧）まで浮上すると，私たちが受ける圧力は2分の1に減じますが，肺内の空気体積は2倍になり，肺圧外傷などを引き起こすことになります。

　他の選択肢の解説は下記のとおりです。

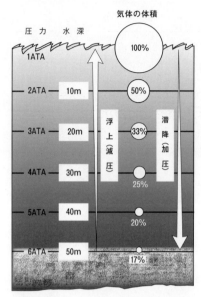

気体の体積

圧力　水深

1ATA
100%

2ATA　10m
50%

3ATA　20m
33%

浮上（減圧）　潜降（加圧）

4ATA　30m
25%

5ATA　40m
20%

6ATA　50m
17%

(参考) ATA=atomosphere adsolute（絶対気圧 (atm)）

(1) 大気圧を基準とし，大気圧との圧力差を示したものを「ゲージ圧」といいます。このゲージという言葉は，計器や計量器を示す「gauge」から来たもので，その由来の通り圧力計の表示にはゲージ圧が用いられています。**潜水では，ゲージ圧は水圧の大きさに相当します。**

(2) ゲージ圧が大気圧を基準としているのに対し，真空を基準にしたものを「絶対圧力」といい，以下のように求めることができます。

絶対圧力＝ゲージ圧＋大気圧（1 atm）

潜水では，ゲージ圧は水圧に相当します。水深20mでの水圧は2 atmですので，それを絶対圧力で示せば，

絶対圧力＝水圧＋大気圧＝2 atm＋1 atm＝3 atm

となります。潜水では，絶対圧力とゲージ圧力の両方が混在して用いられることがあり，大変紛らわしいときがありますので注意が必要です。

(3) 国際単位系では，圧力を示す単位として「Pa：パスカル」が用いられています。地球を取り巻く大気による圧力，すなわち大気圧の大きさをパスカルで表すと，101,300Paとなります。このままでは非常に大きな数値のため使いにくいので，10の累乗倍を示す接頭辞を利用して表記することが一般的です。接頭辞では，10の2乗（100）はヘクト（h），10の6乗（1,000,000）はメガ（M）が用いられており，これにより，

$$101{,}300\mathrm{Pa} = 1{,}013 \times 10^{2}\mathrm{Pa} = 1{,}013\mathrm{hPa}(\text{ヘクトパスカル})$$
$$= 0.1013 \times 10^{6}\mathrm{Pa} = 0.1013\mathrm{MPa}(\text{メガパスカル})$$

と表されます。

(5) 流体内における圧力の分布はパスカルの法則によります。パスカルの法則は，「静止した流体では，その中の任意の点であらゆる方向について圧力は一定である」となります。このことは，水中で圧力計の一種である水深計をどんな方向に向けても，同じ値を示すことからも明らかです。言い換えれば，流体中の任意の一点では，あらゆる方向の圧力が釣り合っているということになります。潜水中，私たちの身体が水圧によって押しつぶされるようなことがないのは，この作用によるものです。

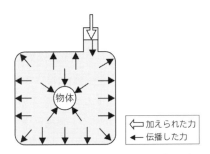

◎流体に加えられた力はすべての部分に等しい力で加わる。

**パスカルの法則**

《圧力全般②：圧力と浮力》

**【問3】**

圧力又は浮力に関し，誤っているものは次のうちどれか。
(1) 圧力は，単位面積当たりの面に垂直方向に作用する力である。
(2) 2種類以上の気体により構成される混合気体の圧力は，それぞれの気体の分圧の和に等しい。
(3) 一定量の気体の圧力は，気体の絶対温度に比例し，体積に反比例する。
(4) 水中にある物体は，これと同体積の水の重量に等しい浮力を受ける。
(5) 海水中にある物体が受ける浮力は，同一の物体が淡水中で受ける浮力より小さい。

(令和2年4月公表問題)

**【正解】** 誤っているものは，(5)。

　海水中にある物体の受ける浮力は，淡水中で受ける浮力より**大きくなります**。浮力の作用は，「流体中に静止している物体に働く浮力は，物体を流体で置き換えたときの流体の重量に等しい」と定義されます。これを読み替えれば，「単位体積当たりの流体の重量（すなわち，流体の密度）が大きいほど，大きな浮力が働く」ということになります。淡水の密度が$1.0\,g/cm^3$であるのに対して海水の密度は$1.025\,g/cm^3$になりますので，海水中にある物体の方が淡水中よりも大きな浮力を受けることになります。プールよりも海に入ったときの方が，容易に身体が浮くのもこの理由によるものです。

　他の選択肢の解説は以下のとおりです。

(1) 圧力は，「単位面積当たりに垂直方向に働く力」と定義されます。圧力単位には「Pa：パスカル」が用いられますが，$1\,m^2$あたりに1Nの力が働くときの圧力が1Paとなります。

(2) 2種類以上の気体からなる混合気体の圧力（全圧）は，各成分気体の分圧の和に等しくなり，これを「ダルトンの法則」または「分圧の法則」といいます。例えば，2種類の気体AとBからなる混合気体があり，それぞれの気体濃度はAが20％，Bが80％とします。このとき，この混合気体の

圧力が1atmであったとすれば，気体Aは0.2atm，気体Bは0.8atmと混合気体の構成比に従って圧力を分配することができます。この分配された圧力が「分圧」です。この「分圧」を合計したものが混合気体の圧力（全圧）となります。

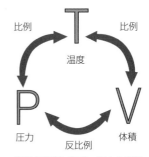

**気体の体積・温度・圧力の関係**
**（ボイル－シャルルの法則）**

(3)　気体の体積と温度，圧力の関係は，ボイル－シャルルの法則によります。すなわち，「気体の体積は，圧力に反比例し，温度に比例する」となります。これを式で示すと，

$$\frac{PV}{T} = \frac{P_1 V_1}{T_1}$$

　　　［ここで，$P$及び$P_1$は気体の圧力，$V$及び$V_1$は気体の体積，$T$及び$T_1$は気体の温度（絶対温度）］

　　　これを気体の圧力を中心に考えれば，圧力（$P$）は気体の温度（$T$）に比例し，気体の体積（$V$）に反比例することになります。

(4)　浮力の作用は，「流体中に静止している物体に働く浮力は，物体を流体で置き換えたときの流体の重量に等しい」と定義され，発見者の名前から「アルキメデスの原理」とも呼ばれています。


《圧力全般③：圧力と浮力》

【問4】

　　圧力と浮力に関し，誤っているものは次のうちどれか。
　(1)　水中にある物体の質量が，これと同体積の水の質量と同じ場合は，中性浮力の状態となる。
　(2)　質量が一定であっても，圧縮性のある物体を水中に入れると，水深によって浮力は変化する。
　(3)　海水は淡水よりも密度がわずかに大きいので，作用する浮力もわずかに

大きい。

(4) 水で満たされた直径の異なる二つのシリンダが連絡している下の図の装置で，ピストンAに１Nの力を加えると，ピストンBには３Nの力が作用する。

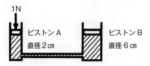

(5) 人体の表面には，大気圧下で約0.1MPa（絶対圧力）の圧力がかかっており，潜水した場合は，潜水深度に応じてこれに水圧が加わることになる。

（平成29年４月公表問題）

**【正解】** 誤っているものは，(4)。

　流体における力の伝搬はパスカルの法則によります。すなわち，「流体に加えられた圧力は，すべての方向に等しく伝わり，流体内の任意の面に対し，常に垂直方向に作用する」と説明されます。ここで，圧力$P$（Pa）は，１㎡あたりに加わる力（N：ニュートン）であり，面積を$S$（㎡），力を$F$（N）とすると，次式のように示されます。

$$P\ (\text{Pa}) = \frac{F(\text{N})}{S(\text{㎡})}$$

　パスカルの法則から圧力は等しく伝わるので，圧力が作用する面積が大きければ，生じる力も大きなものとなります。ピストンAの直径は２㎝ですので，その面積は3.14㎠となります。一方ピストンBの直径は６㎝なので面積は28.26㎠です。ピストンBの面積はピストンAの９倍なので，ピストンAに１Nの力を加えたとき，ピストンBに作用する力は３Nではなく９Nとなります。

　他の選択肢の解説は以下のとおりです。

(1) 潜水では浮力は非常に重要な要因であり，以下のような３種類に区分されて用いられています。

　① 　負の浮力：置き換えられた水の重量（浮力）が，物体の重量より小さい場合には，物体は水中に沈む。

②　中性浮力：置き換えられた水の重量が，物体の重量と同じ場合には，浮くことも沈むこともなく，水中に静止する。

③　正の浮力：置き換えられた水の重量が，物体の重量より大きい場合には，物体は水面に浮き上がる。

(2)　浮力の大きさは水中にある物体の体積によって決定されます。水の中で物体の大きさ（体積）が変化しなければ，浮力の大きさも変わりませんが，物体に圧縮性があり，水圧によって体積が変化してしまう場合には，体積の減少に応じて浮力も小さくなります。これは潜水においては非常に重要な現象です。気体は圧力によって体積が変化します。浮力調整具（BC）やドライスーツの内部には空気が入っており，水圧によって体積が変化するため，これらによって得られる浮力は一定ではなく，水深によって変化することになります。

(3)　海水の密度は，1.025 g／cm³ですので，体積 1 cm³あたり1.025gの浮力が働きます。一方，淡水の密度は1.0 g／cm³ですので，浮力は 1 cm³あたり1.0 gとなります。したがって，海水のほうが淡水より僅かに大きな浮力の作用を有していることになります。その差は僅かですが，私たちが潜水する際には無視できない大きさとなります。ヒトの比重は概ね 1 ですので，体重（kg）＝体積（L）と考えることができます。潜水者の体重が70kgであるとすれば，その体積は概ね70L（70,000cm³）となります。したがって，淡水中に潜水するときに受ける浮力は70kgとなりますが，海水中では71.75kgの浮力になりますので，淡水中に潜水するときよりも大きなウエイトを準備する必要があります。

(5)　水中では私たちの身体に加わる圧力は水面にいるときよりも大きなものとなります。潜水するとおよそ10m潜るごとに0.1MPaの「水圧」が加わります。水面では既に0.1MPaの圧力（大気圧ともいいます）が加わっていますので，水深10mでは0.2MPa，水深20mでは0.3MPaの圧力が加わることになります。この大気圧＋水圧を「絶対圧力（または絶対気圧）」，水圧の大きさのみを示したものを「ゲージ圧力」といいます。

《浮力①》

【問5】

　下の図のように，質量50gのおもりを糸でつるした，質量10g，断面積4㎠，長さ30㎝の細長い円柱状の浮きが，上端を水面上に出して静止している。この浮きの上端の水面からの高さは何㎝か。

　ただし，糸の質量及び体積並びにおもりの体積は無視できるものとする。

(1)　10㎝
(2)　12㎝
(3)　15㎝
(4)　18㎝
(5)　20㎝

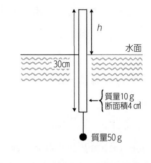

（平成30年10月公表問題）

【正解】　水面からの高さhは，(3)。

　問題文にあるように，図の「浮き」は浮き上がりもせず，また沈みもしない静止状態にあります。これは中性浮力の状態ですので，浮きに加わる重量と浮力は同じということになります。浮きに加わる重量は，おもりの重さ（50g）と浮きの重さ（10g）ですから，合計すれば60gとなります。いま，浮力はこの重さと釣り合っているので，浮きに働く浮力も60gということになります。もし浮力が60gより小さければ，浮きは沈んでしまい，逆に大きければさらに浮き上がっていくことになります。

　次に，得られた浮力を利用して，水面上にある浮きの長さhを求めます。浮力は次式によって求められます。

　　　浮力（g）＝液体の密度（g/㎤）×液体中の物体の体積（㎤）

　先に示したように，浮きに働く浮力は60gです。また，水の密度は約1g/㎤

ですので，これらを上の式に当てはめると，

浮力（ g ）＝水の密度（ g /cm³）×水中の物体の体積（cm³）

60（ g ）＝1.0（ g /cm³）×水中の物体の体積（cm³）

水中の物体の体積（cm³）＝60（cm³）

ということになります。浮きの断面積は 4 cm²で，水中にある部分の体積は60cm³なので，その長さは15cmということになります。求める値は水面に出ている浮きの高さhですので，全長30cmから水中部分の長さ15cmを引いた残りの長さ15cmがhとなります。

《浮力②》

【問 6 】

　体積50cm³で質量が400 g のおもりを下の図のようにばね秤に糸でつるし，水に浸けたとき，ばね秤が示す数値に最も近いものは次のうちどれか。

(1)　300 g

(2)　325 g

(3)　350 g

(4)　375 g

(5)　400 g

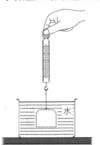

（令和元年10月公表問題）

【正解】　最も近いものは，(3)。

　水中にある物体には，その体積に応じて浮き上がろうとする「浮力」が発生します。浮力は，アルキメデスの原理から，「水中で静止している物体に働く浮力は，物体を水で置き換えたときの水の重量に等しい」と定義されています。これを式で示すと，

$$浮力(g) = 液体の密度(g/cm^3) \times 液体中の物体の体積(cm^3)$$

となります。問題文から，おもりの体積は50cm³となっています。水の密度は1.0 g/cm³ですので，このおもりに生じる浮力は，

$$浮力(g) = 1.0(g/cm^3) \times 50(cm^3) = 50(g)$$

となります。おもりの質量は，ばね秤を下向き方向に引っ張る力になりますが，浮力は上向き方向の力ですので，ばね秤が示す重さは，（おもりの重さ）－（おもりに働く浮力）となりますので，

$$400\,g - 50\,g = \underline{\textbf{350 g}}$$

となります。したがって，(3)が正解です。

## 《ボイルの法則①》

**【問7】**

　体積が10Lになったら破裂するゴム風船がある。この風船に深さ15mの水中において空気ボンベにより5Lの体積になるまで空気を注入し浮上させたとき，この風船はどうなるか。
(1)　水面まで浮上しても破裂しない。
(2)　水深2.5mにおいて破裂する。
(3)　水深5mにおいて破裂する。
(4)　水深7.5mにおいて破裂する。
(5)　水深10mにおいて破裂する。

（平成29年10月公表問題）

**【正解】**　正解は，(2)。

　気体の体積と圧力の関係は，ボイルの法則によって次式のように示されます。

$PV = P_1 V_1 = $ 一定（$P_1$, $V_1$はそれぞれ変化後の値）

　問題文から，このゴム風船には，「体積が10Lになったら破裂する」ことと「深さ15mの水中において空気ボンベにより5Lの体積になるまで空気を注入する」ことが分かります。まず，深さ15mでゴム風船が受ける圧力を考えます。圧力は水深が10m増すごとに1atmずつ大きくなります。したがって，水深15mでゴム風船が受ける圧力は絶対圧力で示せば2.5atmということになります。この圧力の中でゴム風船の体積が5Lになるまで空気を入れ，それを浮上させて体積が10Lに膨張するときの圧力（$P_1$）は，上の式を利用して，

$PV = P_1 V_1$

$2.5\,(\mathrm{atm}) \times 5\,(\mathrm{L}) = P_1 \times 10\,(\mathrm{L})$

$P_1 = \underline{\textbf{1.25}\ \ (\textbf{atm})}$

となります。この「1.25atm」は絶対圧力ですので，ゲージ圧力では0.25atmとなります。水深10mで圧力1atmですので，圧力0.25atmとなるのは水深2.5mです。すなわち，ゴム風船は水深2.5mまで浮上した時に，体積が10Lに膨張して破裂することになりますので，選択肢の(2)が正解となります。圧力には「ゲージ圧力」と「絶対圧力」があることに注意してください。

《ボイルの法則②》

【問8】
　大気圧下で2Lの空気は，水深30mでは約何Lになるか。
(1)　1/2L
(2)　1/3L
(3)　1/4L
(4)　2/3L
(5)　2/5L

（平成31年4月公表問題）

**【正解】** 正解は，(1)。

ボイルの法則に関する出題です。ボイルの法則とは，圧力と気体の体積に関する法則で，「温度一定の時，気体の体積は絶対圧力に反比例する」と示されます。式では以下のように示されます。

$PV = P_1 V_1 =$ 一定

（$P$，$V$は絶対圧力と気体の体積，$P_1$，$V_1$は変化後の値）

水深30mでの周囲圧力は，海面の気圧（大気圧）より高くなります。ボイルの法則によれば，気圧と気体の体積は反比例の関係にありますので，水中で周囲圧力が高くなれば，気体の体積は減少することになります。いま，海面での気圧を$P$，そのときの体積を$V$，水深30mでの周囲の圧力を$P_1$，そのときの体積を$V_1$とします。問題文によれば，$P$は1atm，そのときの体積$V$は2Lです。水深30mの圧力$P_1$は絶対圧力で4atmとなります。これらを先のボイルの法則を示す式に代入すると，

$PV = P_1 V_1$

$1 \times 2 = 4 \times V_1$

$V_1 = 2 \div 4 = \dfrac{1}{2} (\text{L})$

となりますので，選択肢のうち(1)が正解となります。

ボイルの法則の式では，圧力には絶対圧力が用いられます。誤ってゲージ圧力の値を用いてしまうと，大気圧$P$は0atmとなり計算式が成り立ちません。また$P_1$だけにゲージ圧力を用いると$P_1$は3atmとなり，$V_1$は$2 \div 3 = \dfrac{2}{3}$となってしまいます。式の左右で異なる単位系を用いることはできませんので注意が必要です。

ボイルの法則は，潜水では非常に重要な法則の一つで，実際の潜水業務にも大きく関わるものですので，確実に理解しておく必要があります。

《ボイルの法則③》

---

### 【問9】

　大気圧下で10Lの空気を注入したゴム風船がある。このゴム風船を深さ15mの水中に沈めたとき，ゴム風船の体積を10Lに維持するために，大気圧下で更に注入しなければならない空気の体積として最も近いものは次のうちどれか。

　ただし，ゴム風船のゴムによる圧力は考えないものとする。

(1)　5L

(2)　10L

(3)　15L

(4)　20L

(5)　25L

（令和2年4月公表問題）

---

**【正解】**　最も近いものは，(3)。

　この出題は，ゴム風船を深く沈めたときの体積の変化を考える問題です。気体の体積と圧力の関係はボイルの法則に従います。すなわち，「気体の体積は圧力の変化に反比例する」というもので，次式のように示すことができます。

$$PV = P_1 V_1 = 一定（P_1, V_1 はそれぞれ変化後の値）$$

　いま，大気圧を$P$，そのときのゴム風船の体積を$V$とし，15m沈めたときの圧力を$P_1$，そのときの体積を$V_1$とします。大気圧は1 atm，水深15mでの圧力（水圧）は1.5atmであり，絶対圧力では2.5atmとなります。これを上の式に当てはめると，

$$PV = P_1 V_1 = 1(atm) \times 10(L) = 2.5(atm) \times V_1$$
$$V_1 = 10 \div 2.5 = 4(L)$$

となります。すなわち，大気圧下で体積10Lのゴム風船を水深15mまで沈め

ると，体積は4Lになってしまうことになります。問題は，水深15mでも体積10Lを維持するために必要な空気量は大気圧下でどの位なのか，ということです。水深15mでは4Lになってしまいますので，10Lにするためには，あと6Lの空気が必要です。これは，水深15mで必要な空気の体積ですので，大気圧下で注入しなければならない空気の体積を知るには，再びボイルの法則を用います。いま注入する空気の体積を$V_2$とすると，

$$2.5(\text{atm}) \times 6(\text{L}) = 1(\text{atm}) \times V_2$$
$$V_2 = 15 \div 1 = \underline{\textbf{15(L)}}$$

となります。したがって，大気圧下でさらに15Lの空気を注入すれば，水深15mに沈めた場合でも，ゴム風船の体積は10Lを維持することができます。

### 《ボイル－シャルルの法則》

---

**【問10】**

　内容積12Lのボンベに空気が温度17℃，圧力18MPa（ゲージ圧力）で充填されている。このボンベ内の空気が57℃に熱せられたときのボンベ内の圧力（ゲージ圧力）に最も近いものは次のうちどれか。

　ただし，0℃は絶対温度で273Kとする。

(1)　18.5MPa

(2)　19.5MPa

(3)　20.5MPa

(4)　21.5MPa

(5)　22.5MPa

（平成28年4月公表問題）

---

**【正解】**　最も近いものは，(3)。

　気体の体積と温度，圧力の関係は，ボイル－シャルルの法則から「気体の体積は，圧力に反比例し，温度に比例する」となります。これを式で示すと，

$$\frac{PV}{T} = \frac{P_1 V_1}{T_1}$$

ここで，$P$は気体の圧力，$V$は気体の体積，$T$は気体の温度（絶対温度：単位K）を示し，$P_1$，$V_1$，$T_1$はそれぞれ変化後の値を示します。

問題文から，現在のボンベの状態は，圧力$P$は18MPa，ボンベの内容積$V$は12L，空気の温度は絶対温度で290K（＝17＋273）であることが分かります。このボンベ内の空気が57℃に熱せられたときの圧力$P_1$を求めます。ボンベの内容積は空気が熱せられても変化しませんので内容積$V_1$は12Lです。空気の温度$T_1$は，57℃に熱せられるので，絶対温度で示せば330K（＝57＋273）となります。これらを値を上式に代入すると

$$\frac{18 \times 12}{290} = \frac{P_1 \times 12}{330}$$

$$P_1 = \underline{\mathbf{20.483\,(MPa)}}$$

となります。すなわち，ボンベ内の空気の温度が17℃から57℃に熱せられると，圧力は18MPaから20.483MPaに上昇することになります。選択肢のうちでは(3)が最も近い値となります。

## 《気体の性質①》

### 【問11】

気体の性質に関し，誤っているものは次のうちどれか。

(1) 二酸化炭素は，人体の代謝作用や物質の燃焼によって発生する無色・無臭の気体で，人の呼吸の維持に微量必要なものである。

(2) 窒素は，無色・無臭で，常温・常圧では化学的に安定した不活性の気体であるが，高圧下では麻酔作用がある。

(3) 酸素は，無色・無臭の気体で，生命維持に必要不可欠なものであり，空気中の酸素濃度が高いほど人体に良い。

(4) 空気は，酸素，窒素，アルゴン，二酸化炭素などから構成される。

(5) 一酸化炭素は，無色・無臭の気体で，呼吸によって体内に入ると，赤血球のヘモグロビンと結合し，酸素の組織への運搬を阻害するので有毒である。

(平成30年10月公表問題)

【正解】　誤っているものは，(3)。

　酸素は無色，無臭，無味の気体で，生命維持に必要不可欠のものですが，**呼吸ガス中の酸素分圧が高すぎると有害な作用が生じます**。これによる中毒は酸素中毒と呼ばれています。酸素中毒を予防するため，高気圧作業安全衛生規則では，潜水時の吸入酸素分圧の上限を160kPa以下（必要な措置を講ずれば220kPa以下）とするよう定めています。なお，地上（大気圧下）での酸素分圧は，約21kPaです。

　私たちの身体にとっては空気に含まれる約21％の酸素濃度（酸素分圧0.21atm）が最適であり，これより高い酸素分圧のガスを吸入すると酸素中毒のリスクが生じることになります。

　他の選択肢の解説は下記のとおりです。

(1) 二酸化炭素は無色，無臭の気体で，空気中に約0.03～0.04％程度の割合で含まれています。二酸化炭素は，呼吸によって取り込まれた酸素の代謝によって生成されます。この代謝活動の結果として生じた二酸化炭素は，そのほとんどが呼気として排出されますが，血中の二酸化炭素には，呼吸

をコントロールする脳幹の呼吸中枢への指令，血管や気管を拡張する役割があるため，体内にはある一定量の二酸化炭素が必要です。

(2) 窒素は，生体内では化学的に安定した気体ですが，高圧下で吸入する窒素分圧が高くなりすぎると「窒素酔い」として知られる麻酔作用を生じます。そのため，高気圧作業安全衛生規則ではその上限を400kPaに制限しています。

［解説 問11］

(4) 空気は複数のガスから構成される混合気体で，水蒸気を含まない乾燥空気の場合，その成分は，窒素（$N_2$）：78.084%，酸素（$O_2$）：20.946%，アルゴン（Ar）：0.93%，二酸化炭素（$CO_2$）：0.034%，その他，となっています。各成分の割合は地上のどこでも同じで変わることはありません。空気は，古くから潜水用呼吸ガスとして用いられており，現在でも特にことわりが無ければ，潜水用呼吸ガスとは空気のことを示します。

(5) 一酸化炭素は，無色，無臭，可燃性の気体で，物質の不完全燃焼などによって発生します。一酸化炭素は，非常に有毒な気体で，少量でも人体に深刻な影響をもたらします。呼吸によって取り込まれた酸素の大部分はヘモグロビンという鉄蛋白によって身体のすみずみまで運搬されますが，一酸化炭素は酸素の218倍もヘモグロビンと結合しやすいため，少量の一酸化炭素を吸入しただけでほとんどのヘモグロビンが一酸化炭素と結合してしまい，酸素がヘモグロビンに結合する余地がなくなってしまいます。その結果，十分な量の酸素を体内に取り込むことができなくなり，一酸化炭素中毒を発症することになります。

## 《気体の性質②》

【問12】

気体の性質に関し，正しいものは次のうちどれか。

(1) ヘリウムは，密度が極めて大きく，他の元素と化合しにくい気体で，呼吸抵抗は少ない。

(2) 窒素は，無色・無臭で，常温・常圧では化学的に安定した不活性の気体であるが，高圧下では麻酔作用がある。

(3) 二酸化炭素は，無色・無臭の気体で，空気中に約0.3%の割合で含まれている。

(4) 酸素は，無色・無臭の気体で，生命維持に必要不可欠なものであり，空気中の酸素濃度が高いほど人体に良い。

(5) 一酸化炭素は，物質の不完全燃焼などによって生じる無色の有毒な気体であるが，異臭があるため発見は容易である。

(令和元年10月公表問題)

【正解】　正しいものは，(2)。

　窒素は，空気の約78%を占める気体で，生体内では化学的に安定していることから「不活性ガス」とも呼ばれます。しかしながら，高圧下で吸入する窒素分圧が高くなると「窒素酔い」として知られる麻酔作用を生じます。そのため，高気圧作業安全衛生規則ではその上限を400kPaに制限しています。先に示したように，空気は約78%の窒素を含んでいるため，空気潜水では水深40mで窒素分圧のほぼ上限に達してしまいますので，それ以上深く潜ることはできません。

　他の選択肢の解説は下記のとおりです。

(1) ヘリウムは化学的に安定した気体であり，他の元素と化合（反応）しにくく，**密度が極めて小さい**ことから，呼吸ガスの成分に利用すると吸入時の呼吸抵抗を低く抑えることができ，また窒素のような麻酔作用を生じることもないことから，大深度潜水用のガスとして利用されています。高気圧作業安全衛生規則では，潜水に利用できる不活性ガスとして，ヘリウム

と窒素を定めています。

(3)　二酸化炭素は無色，無臭の気体で，空気中に**約0.03 〜 0.04％程度の割合**で含まれています。生命活動にはエネルギーが不可欠ですが，このエネルギーは呼吸によって取り込まれた酸素の代謝によって生成されます。この代謝活動の結果として二酸化炭素ガスが生じます。そのほとんどは呼気として排出されますが，血中の二酸化炭素には，脳幹の呼吸中枢への指令，血管や気管を拡張する役割があるため，体内にはある一定量の二酸化炭素が必要です。

解説【問12】

(4)　酸素は無色，無臭，無味の気体で，生命維持に必要不可欠のものですが，**呼吸ガスの酸素濃度（分圧）が高すぎると有害な作用が生じます**。このため高気圧作業安全衛生規則では，潜水時の吸入酸素分圧の上限を160kPa以下（必要な措置を講ずれば220kPa以下）とするよう定めています。私たちの身体にとっては空気に含まれる約21％の酸素濃度（酸素分圧0.21atm）が最適であり，これより高い酸素分圧のガスを吸入すると酸素中毒のリスクが生じます。

(5)　**一酸化炭素は，無色，無臭，可燃性の気体**で，物質の不完全燃焼などによって発生します。一酸化炭素は，非常に有毒な気体で，血液中にあるヘモグロビンの酸素運搬能を阻害します。そのため，少量であっても十分な量の酸素を体内に取り込むことができなくなり，人体に深刻な影響を及ぼします。

## 《ヘンリーの法則①》

**【問13】**

気体の液体への溶解に関し，誤っているものは次のうちどれか。

ただし，温度は一定であり，その気体のその液体に対する溶解度は小さく，また，その気体はその液体と反応する気体ではないものとする。

(1) 気体が液体に接しているとき，気体はヘンリーの法則に従って液体に溶解する。

(2) 気体がその圧力下で液体に溶解して溶解度に達した状態，すなわち限度一杯まで溶解した状態を飽和という。

(3) 0.2MPa（絶対圧力）の圧力下において一定量の液体に溶解する気体の体積は，0.1MPa（絶対圧力）の圧力下において溶解する体積の2倍となる。

(4) 潜降するとき，呼吸する空気中の窒素分圧の上昇に伴って，体内に溶解する窒素量も増加する。

(5) 浮上するとき，呼吸する空気中の窒素分圧の低下に伴って，体内に溶解していた窒素が体内で気泡化することがある。

（平成29年10月公表問題）

**【正解】** 誤っているものは，(3)。

気体の液体への溶解は，ヘンリーの法則によります。ヘンリーの法則では，液体中に溶解する気体の質量は圧力に比例します。したがって，圧力が2倍になれば，溶解する気体の質量も同じく2倍になります。したがって，当然体積も2倍になるはずです。しかし，気体体積と圧力はボイルの法則により，「気体の体積は圧力の変化に反比例する」という関係にあります。したがって，圧力が2倍になり，溶解する質量が2倍になっても体積は2分の1倍になるため，結局，「2倍」×「2分の1倍」＝1倍となり，体積は変化しません。圧力を3倍にして，溶解する質量が3倍になっても，ボイルの法則より体積は3分の1倍となるため変化しません。つまり，液体中に溶解する気体の体積は，圧力が変化しても常に1倍となるわけです。言い換えれば，「温度が一定のとき，**液体に溶解する気体の体積は，その気体の圧力にかかわらず一**

定である」となります。

　他の選択肢の解説は下記のとおりです。

⑴　気体の液体への溶解は，ヘンリーの法則により「温度一定のとき，一定
　量の液体に溶解する気体の質量は，その圧力（混合気体では分圧）に比例
　する」と定義されます。

⑵　気体がその圧力下で液体に溶解して溶解度に達し，それ以上はもう溶け
　込むことのできない状態を，「飽和状態」といいます。

⑷　潜降によって周囲の圧力（水圧）が増大すると，高い圧力の空気（圧縮
　空気）でなければ呼吸することができなくなります。呼吸する空気の圧力
　が高くなれば，その窒素分圧も上昇するため，ヘンリーの法則により肺（肺
　胞）を通して血液中や組織中に溶け込む（溶解する）窒素の量も大きくな
　ります。

⑸　浮上するときには，潜降のときとは逆に水圧が減少していきますので，
　呼吸する圧縮空気の圧力も低くなり，窒素分圧も低下します。すると，体
　内に溶解した窒素分圧のほうが高い状態となり，今度は血液中や組織内か
　ら肺胞に向かって窒素が排出されることになります。これが潜水における
　減圧の仕組みです。浮上の程度を早め，水圧の減少を大きくすると，体内
　に溶解している窒素量がその水深での飽和量より大きくなることがありま
　す。これを「過飽和」状態といいます。過飽和状態になると，窒素を効率
　良く排出することができますが，過度の場合には，肺胞からの排出が間に
　合わず，血液中や組織内で窒素が気泡化してしまいます。減圧症の原因は，
　この窒素の気泡化による影響が大きいと考えられています。

## 《ヘンリーの法則②》

【問14】

　窒素の水への溶解に関する次の文中の　　　　　内に入れるＡ及びＢの語句の組合せとして，正しいものは(1)～(5)のうちどれか。

　「温度が一定のとき，一定量の水に溶解する窒素の　Ａ　は，その窒素の圧力に　Ｂ　。」

| | Ａ | Ｂ |
|---|---|---|
| (1) | 質量 | かかわらず一定である |
| (2) | 質量 | 反比例する |
| (3) | 質量 | 比例する |
| (4) | 体積 | 反比例する |
| (5) | 体積 | 比例する |

（令和元年10月公表問題）

【正解】　正しい組合せは，(3)。

　気体の液体への溶解は，ヘンリーの法則により「温度一定のとき，一定量の液体に溶解する気体の質量は，その圧力（混合気体では分圧）に比例する」と定義されます。これを問題文に当てはめれば，「温度が一定のとき，一定量の水に溶解する窒素の［Ａ：質量］は，その窒素の圧力に［Ｂ：比例する］。」となり，選択肢(3)が正解となります。

　選択肢の中に「体積」があります。ヘンリーの法則を「気体の質量」ではなく「気体の体積」から見たときには，どうなるのでしょうか。ヘンリーの

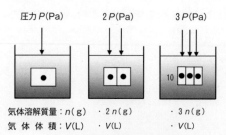

圧力 $P$(Pa)　　　$2P$(Pa)　　　$3P$(Pa)

気体溶解質量：$n$(g)　　・$2n$(g)　　　・$3n$(g)
気 体 体 積：$V$(L)　　・$V$(L)　　　・$V$(L)

**圧力と溶解気体体積の関係**

法則では，圧力が２倍になれば，溶解する気体の質量も同じく２倍になります。そうであれば，当然体積も２倍になるはずです。しかし，気体の体積と圧力はボイルの法則により，「気体の体積は圧力の変化に反比例する」という関係

にあります。したがって，圧力が２倍になり，溶解する質量が２倍になって
も体積は２分の１倍になるため，結局，「２倍」×「２分の１倍」＝１倍と
なり，体積は変化しません。圧力を３倍にして，溶解する質量が３倍になっ
ても，ボイルの法則より体積は３分の１倍となるため変化しません。つまり，
液体中に溶解する気体の体積は，圧力が変化しても常に１倍となるわけです。
言い換えれば，「液体に溶解する気体の体積は，温度が一定のとき，その気
体の圧力にかかわらず一定である」となります。

解説
【問14】
↓
【問15】

《ヘンリーの法則③》

【問15】

　20℃，１Lの水に接している0.2MPa（ゲージ圧力）の空気がある。これ
を0.1MPa（絶対圧力）まで減圧し，水中の窒素が空気中に放出されるため
の十分な時間が経過したとき，窒素の放出量（0.1MPa（絶対圧力）時の体積）
に最も近いものは次のうちどれか。

　ただし，空気中に含まれる窒素の割合は80％とし，0.1MPa（絶対圧力）
の窒素100％の気体に接している20℃の水１Lには17cm³の窒素が溶解するも
のとする。

(1)　14cm³

(2)　17cm³

(3)　22cm³

(4)　27cm³

(5)　34cm³

（令和２年４月公表問題）

【正解】　最も近いものは，(4)。

　液体に対する気体の溶解は，ヘンリーの法則によります。すなわち，「温
度が一定のとき，一定量の液体に溶解する気体の質量は，その圧力（分圧）
に比例する」というものです。これは液体に溶解する気体の質量に関するも
のですが，これを気体の体積で見たときにはどうなるでしょうか。「液体に

溶解する気体の体積は，その圧力のもとで一定になる」ことになります。圧力に比例して溶解する気体の体積も増えますが，体積自体はボイルの法則によって圧力に反比例しますので，「その圧力の下では一定」になるわけです。

　問題に戻ります。問題文には，0.1MPa（絶対圧力）で窒素100％の気体は，20℃の水１Lに17㎤溶解するとされています。また，同じく，空気中に含まれる窒素の割合は80％とすると示されています。ヘンリーの法則では液体中への気体の溶解は，その分圧に比例しますので，0.1MPa（絶対圧力）の空気中に含まれる窒素は20℃の水１Lに13.6㎤（＝0.8×17）溶解することになります。

　次に，0.2MPa（ゲージ圧力）の空気に接している20℃の水1Lに溶解する窒素の質量を考えます。ゲージ圧力を絶対圧力に換算するときには大気圧（0.1MPa）を加えるので，0.2MPa（ゲージ圧力）を絶対圧力に換算すると0.3MPa（絶対圧力）となります。空気の圧力が0.3MPaのとき20℃の水１Lに溶解する窒素の体積は，その圧力の下では13.6㎤です。この圧力を３分の１の0.1MPaまで減圧すると，窒素の体積は圧力変化に反比例しますので，

$$13.6 \times 3 = 40.8 \text{㎤}$$

となります。求める値は窒素の放出量です。空気中の窒素は0.1MPaの水１Lに13.6㎤溶け込みますので，実際に水から放出される窒素の量は，

$$40.8 - 13.6 = \underline{\textbf{27.2㎤}}$$

となります。選択肢のうち，この値に最も近い(4)が正解となります。

　問題文中には，ゲージ圧力と絶対圧力の２種類が示されていますが，解答を考える際にはゲージ圧力を絶対圧力に換算することに注意しましょう。

《ダルトンの法則①》

### 【問16】

　200kPaの酸素9Lと500kPaの窒素3Lを，6Lの容器に封入したときの酸素の分圧Aと窒素の分圧Bとして，正しい値の組合せは(1)～(5)のうちどれか。

　ただし，酸素と窒素の温度は，封入前と封入後で変わらないものとし，圧力は絶対圧力である。

|     | A | B |
|-----|--------|--------|
| (1) | 200kPa | 500kPa |
| (2) | 250kPa | 300kPa |
| (3) | 300kPa | 250kPa |
| (4) | 350kPa | 350kPa |
| (5) | 500kPa | 200kPa |

（平成28年10月公表問題）

【正解】　正しい値の組合せは，(3)。

　2種類以上のガスからなる混合ガスの圧力は，ダルトンの法則によって示すことができます。これは，「分圧の法則」とも呼ばれ，以下のように表されます。

　「2種類以上の気体からなる混合ガスの圧力Pは，それぞれの気体が同じ容器内に単独で存在しているときの圧力の和に等しく，この圧力を分圧という。」

　すなわち，酸素の分圧Aと窒素の分圧Bは，封入された6Lの容器内にそれぞれ単独で存在した時の圧力ということになります。

　まず酸素の分圧を考えます。問題文から酸素は200kPaの圧力と9Lの体積を持つことが分かります。これを6Lの容器に封入すると体積は9Lから6Lに変化することになります。気体の体積と圧力の関係は，「気体の体積は圧力の変化に反比例する」というボイルの法則が適用され，次式のように表されます。

$PV = P_1 V_1 = $ 一定 （$P_1$, $V_1$はそれぞれ変化後の値）

上式から，体積が圧力200kPaの酸素の体積が9Lから6Lに変化したときの圧力は，

酸素の分圧A：$9(\mathrm{L}) \times 200(\mathrm{kPa}) = \mathrm{A} \times 6(\mathrm{L})$

$\underline{\mathrm{A} = 300(\mathrm{kPa})}$

となります。

同様に窒素の分圧Bは圧力500kPaで体積3Lの窒素が6Lの容器に封入されるので，

窒素の分圧B：$3(\mathrm{L}) \times 500(\mathrm{kPa}) = \mathrm{B} \times 6(\mathrm{L})$

$\underline{\mathrm{B} = 250(\mathrm{kPa})}$

となります。したがって，選択肢(3)が正解となります。

なお，酸素と窒素を封入した容器内の圧力$P$（全圧）は，ダルトンの法則「2種類以上の気体からなる混合気体の圧力は，各成分気体の分圧の和に等しい」ことから，

混合気体の圧力$P$ ＝酸素の分圧A＋窒素の分圧B

$= 300 + 250 = 550$（kPa）となります。

《ダルトンの法則②》

〔問17〕解説

【問17】

　空気をゲージ圧力0.2MPaに加圧したとき，窒素の分圧（絶対圧力）に最も近いものは次のうちどれか。

(1)　約0.08MPa
(2)　約0.16MPa
(3)　約0.20MPa
(4)　約0.24MPa
(5)　約0.32MPa

（平成30年4月公表問題）

【正解】　最も近いものは，(4)。

　分圧は，ダルトンの法則（分圧の法則）によって定義されます。すなわち，「2種類以上の気体から成る混合気体では，それぞれの気体の圧力（分圧）は混合気体中に占める気体の割合によって分配される」というものです。私たちの周りにある空気も，酸素と窒素を主成分とする混合気体ですが，空気に含まれる各気体の割合は，窒素約78％，酸素約21％，その他の気体約1％となっています（水蒸気を含まない乾燥空気の場合。問11の解説(4)参照）。大気圧（0.1MPa=100kPa）の空気における各成分気体の分圧をダルトンの法則を用いて示せば，窒素0.078MPa，酸素0.021MPa，その他の気体：0.001MPaとなります。式で示すとさらにわかりやすくなります。

　空気に含まれる気体の割合（％）：
　（窒素）78＋（酸素）21＋（その他）1＝100（％）
　0.1MPaの空気における各気体の分圧（MPa）：
　（窒素）0.078＋（酸素）0.021＋（その他）0.001＝0.1（MPa）

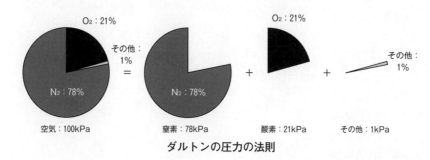

**ダルトンの圧力の法則**

さて，問題では，ゲージ圧力0.2MPaの空気に含まれる窒素分圧（絶対圧力）はいくらかということです。気体の圧力や分圧を計算する際には絶対圧力を用いますので，まずゲージ圧力0.2MPaを絶対圧力に変換しなければなりません。絶対圧力への変換は以下のように行います。

絶対圧力（MPa）＝ゲージ圧力（MPa）＋大気圧（0.1MPa）

したがって，ゲージ圧力0.2MPaを絶対圧力に変換すると0.3MPa（0.2MPa ＋0.1MPa）となります。

それでは，空気の圧力が0.3MPaに変化した場合，分圧はどうなるのでしょうか。全体の圧力が3倍になったので，分圧もそれぞれ3倍になります。

0.3MPaの空気における各気体の分圧（MPa）：

|  | （窒素） | （酸素） | （その他） | （全圧） |
|---|---|---|---|---|
| 0.1MPaのとき， | 0.078 ＋ | 0.021 ＋ | 0.001 ＝ | 0.1（MPa） |
|  | ↓×3 | ↓×3 | ↓×3 | ↓×3 |
| 0.3MPaのとき， | 0.234 ＋ | 0.063 ＋ | 0.003 ＝ | 0.3（MPa） |

上記の通り，絶対気圧0.3MPaの空気中の窒素分圧は0.234MPaとなりますので，選択肢の(4)が最も近い値になります。

《潜水の種類①》

【問18】

　混合ガス潜水における温水の供給及び温水ホースに関する次の記述のうち，誤っているものはどれか。
(1)　混合ガス潜水では，深度が深いため水温が低く，潜水時間が長時間に及ぶため，保温用の温水潜水服を着用する。
(2)　混合ガス潜水において，送気ホースのほか，電話通信線，温水供給ホース，深度計測用ホース，映像・電源ケーブルなど複数のホース及びケーブル類を一体化したホース状のものをアンビリカルという。
(3)　温水潜水服では，船上の温水供給装置で海水を加温した温水がアンビリカルの温水供給ホースを介して温水潜水服へ一定流量で供給される。
(4)　温水供給ホースの内径は，潜水深度が浅い場合は1/4インチ，深い場合は3/8インチを用いる。
(5)　温水潜水服での温水供給量は，通常作業者１名当たり毎分20L以上とし，水温は適宜調整する。

（平成31年４月公表問題）

【正解】　誤っているものは，(4)。

　温水供給ホースは，**内径２分の１インチ**程度の比較的大きなものが用いられます。潜水者の保温には，大きな熱量が必要であり，大量の温水を供給する必要があります。そのため，温水供給ホースには内径の大きなホースが用いられています。潜水者への温水の供給量は温水潜水服に装備されたバルブで調整することができますので，水温に応じた快適な温度を得ることができます。

　他の選択肢の解説は下記のとおりです。

(1)　混合ガス潜水では，水温の低い大深度で潜水業務が多く行われます。そのため，減圧時間を含めれば，その水中滞在時間は非常に長時間なものとなります。このような寒冷環境下での長時間の潜水では，ドライスーツでは十分な保温が得られないため，潜水者に温水を供給して積極的に体温の

低下を防ぐ温水潜水服が用いられます。供給された温水は，温水潜水服内を循環した後，水中に排水されます。

(2)　混合ガス潜水では，送気ホースのほかに，通信ケーブルや温水供給ホース，深度計測用ホース，映像・電源ケーブルなどを取りまとめて一体化したアンビリカルを使用します。アンビリカル（umbilical）には「へその緒」という意味があり，混合ガス潜水に用いられるアンビリカルは，まさに潜水者の命をつなぐ「へその緒」とも言えます。

(3)　温水潜水服の供給する温水は，海水等を利用して船上の温水供給装置で加温され，温水ホースを介して温水潜水服に送られます。温水の温度調整は，供給量の変化で行うのではなく，供給装置の加温調整で行います。したがって，供給量は一定で，潜水者からの指示により水を加温する温度を調整します。

(5)　潜水者を保温するために，温水の供給量は，通常潜水者1名あたり毎分20L以上必要です。供給する水温の調整は温水供給装置で行いますが，微調整は潜水者側で温水の給排水操作によって行います。

A：温水ホース（1/2"）
B：送気ホース（3/8"）
C：深度計ホース（1/4"）
D：音声通信ケーブル
E：カメラ・ライトケーブル

アンビリカル

## 《潜水の種類②》

【問19】

潜水の種類に関し，誤っているものは次のうちどれか。

(1) 大気圧潜水とは，耐圧殻に入って人体を水圧から守り，大気圧の状態で行う潜水のことである。

(2) 環境圧潜水では，人体が潜水深度に応じた水圧を受ける。

(3) 環境圧潜水は，送気式と自給気式に分類され，安全性を向上させるため，送気式潜水でも潜水者がボンベを携行することがある。

(4) 送気式潜水には，定量送気式と応需送気式がある。

(5) 自給気式潜水で一般的に使用されている潜水器は，閉鎖回路型スクーバ式潜水器である。

(令和元年10月公表問題)

【正解】 誤っているものは，(5)。

通常の自給気式潜水に用いられるスクーバ（自給気式潜水器）は，潜水者の呼気が直接水中に排出されることから，「**開放回路型スクーバ**」と呼ばれています。一方，呼気を海中に排気せず，呼吸回路内を循環させて再利用する方式のものを「閉鎖回路型スクーバ」といいます。閉鎖回路型スクーバには，呼吸回路の違いから「閉鎖回路型」と「半閉鎖回路型」に分類されており，これらは呼気を再利用することから「リブリーザー」とも呼ばれています。

他の選択肢の解説は下記のとおりです。

(1) 潜水者が水圧の影響を受けないように，硬い殻上の容器（耐圧殻）の中に入って潜水する方法を，「大気圧潜水」または「硬式潜水」といいます。耐圧殻の内部は，常に大気圧状態に保たれているため，潜水者は高気圧障害や減圧障害に悩まされることがありません。代表的なものには，潜水艇や大気圧潜水服などがあります。

(2) 大気圧潜水とは逆に，潜水者が潜水深度に応じた水圧を直接受けて潜水する方法を，「環境圧潜水」または「軟式潜水」といいます。潜水者によって行われる潜水のほとんど全てのものは環境圧潜水です。

緊急ボンベ

送気ホース

**ボンベを携行した送気式潜水者**

⑶　環境圧潜水で行われる潜水には，潜水者への呼吸ガス供給方式の違いから「送気式」と「自給気式」に分類されます。自給気式潜水は潜水者が携行したボンベから給気を受けて行う潜水で，自給気式潜水器の英語標記（Self-Contained Underwater Breathing Apparatus）からスクーバ（SCUBA）とも呼ばれています。一方，送気式潜水は，船上に設置した空気圧縮機や高圧ボンベから送気ホースを介して潜水者に給気する潜水方法であり，ホース式潜水とも呼ばれています。送気式潜水では，潜水中は常に船上の空気圧縮機などから給気を受けますが，空気圧縮機の故障や送気ホースの断裂など突然の給気途絶に備え，安全性向上の観点から，緊急避難用に小型のボンベを携行することがあります。なお送気式潜水は英語ではsurface supplied divingとなります。

⑷　送気式潜水に用いられる潜水器には，潜水者への送気の仕方によって，「定量送気式潜水器」と「応需送気式潜水器」に区分されています。応需送気式潜水器は，潜水者が息を吸ったときだけ空気が供給される方式の潜水器でデマンド式潜水器とも呼ばれています。一方，定量送気式潜水は，潜水者の呼吸動作に関わらず，常に一定量の空気を連続的に送気する潜水器を用いた潜水方式です。送気式潜水で応需送気式潜水器が用いられるのは全面マスク式潜水で，定量送気式潜水器を用いる潜水にはヘルメット式潜水があります。

《潜水の種類③》

【問20】

潜水の種類及び方式に関し，正しいものは次のうちどれか。

(1) 硬式潜水は，潜水作業者が潜水深度に応じた水圧を直接受けて潜水する方法であり，送気方法により送気式と自給気式に分類される。

(2) ヘルメット式潜水は，金属製のヘルメットとゴム製の潜水服により構成された潜水器を使用し，操作は比較的簡単で，複雑な浮力調整が必要ない。

(3) ヘルメット式潜水は，定量送気式の潜水で，一般に船上のコンプレッサーによって送気し，比較的長時間の水中作業が可能である。

(4) 自給気式潜水で最も多く用いられている潜水器は，閉鎖循環式潜水器である。

(5) スクーバ式潜水は，機動性に最も優れた潜水方式であるので，潜水者はさがり綱(潜降索)を使用する必要はない。

(令和2年4月公表問題)

【正解】 正しいものは，(3)。

　ヘルメット式潜水は，コンプレッサーで製造した圧縮空気を船上からホースを介して潜水者に給気する「送気式潜水」になります。送気式潜水に用いられる潜水器には，常に一定量の給気（送気）を行う「定量送気式」と潜水者の呼吸に応じて給気が行われる「応需送気式」があり，前者がヘルメット式潜水，後者が全面マスク式潜水にあたります。送気式潜水は，水中で使用できる呼吸ガス量に制限のあるスクーバ式潜水とは異なり，長時間の潜水が可能であることから，潜水業務の多くで用いられています。

　他の選択肢の解説は下記のとおりです。

(1) 硬式潜水は，**潜水者が水圧の影響を受けないように，硬い殻上の容器（耐圧殻）の中に入って潜水する方法**で，「大気圧潜水」とも呼ばれます。代表的な硬式潜水には，潜水艇や大気圧潜水服による潜水があります。一方，潜水者が潜水深度に応じた水圧を直接受けて潜水する方法は，「環境圧潜水」または「軟式潜水」と呼ばれています。潜水者によって行われる潜水

のほとんどは環境圧潜水です。

(2)　ヘルメット式潜水器は，金属製のヘルメットとゴム製の潜水服で構成された潜水器で，非常に長い歴史を有するものです。比較的簡単な構造のため丈夫ですが，潜水器の送気・排気操作は潜水者自身で行わなければなりません。浮力の調整は，この送気・排気操作によって行われるため，**浮力調整は複雑で，自在に扱える様になるためには熟練が必要です。**

(4)　自給気式潜水で一般的に用いられる潜水器は**開放回路型潜水器**です。自給気式潜水器はスクーバとも呼ばれていますが，一般的にはレギュレーターを介して潜水者が吸気した呼吸ガスは，直接水中に排気されます。吸・排気の呼吸回路のうち，排気側が水中に開放されていることから「開放回路型」と呼ばれています。一方，排気側も呼吸回路に組み込み，呼気を水中に排気せず，呼吸回路内に循環させて再利用するものがあります。これらを「閉鎖回路型」といいます。閉鎖回路型潜水器は，構造が複雑であり，使用方法も容易ではないことから主に軍事用など特殊な用途に用いられています。

(5)　スクーバ式潜水においても，潜降時にはさがり**綱（潜降索）を使用することが義務付けられています。**潜降索は潜降，浮上する潜水者にとってのガイドロープであり，また『杖』としても機能します。すなわち，何も身体を支えるもののない海中では，潜降索が体勢を整える際に利用できる唯一のものであり，また浮力調整に失敗し，浮きがちまたは沈みがちになった場合でも，潜降索につかまることによって，水深を維持することができます。このようなことから，高気圧作業安全衛生規則では，すべての潜水業務において潜降索を使用するよう義務付けています（第33条さがり綱）。

## 《光や音の伝播①》

【問21】

　水中における光や音に関し，誤っているものは次のうちどれか。

(1)　水は空気に比べ密度が大きいので，水中では音は空気中より遠くまで伝播する。

(2)　水中では，音の伝播速度が非常に速いので，耳による音源の方向探知が容易になる。

(3)　水分子による光の吸収の度合いは，光の波長によって異なり，波長の長い赤色は，波長の短い青色より吸収されやすい。

(4)　濁った水中では，オレンジ色や黄色で蛍光性のものが視認しやすい。

(5)　澄んだ水中でマスクを通して近距離にある物を見る場合，実際の位置より近く，また大きく見える。

（平成29年4月公表問題）

【正解】　誤っているものは，(2)。

　水中では，音の伝播速度が空気中よりも速く，両耳効果が低下するため，**方向の探知が困難になります**。通常我々は左右の耳に到達する音の時間差から方向などを感知します（両耳効果）が，海中での音は非常に速く伝わり，ほとんど同時に両耳に到達してしまうため，両耳効果が減少し，音源の方向を感知することが困難になります。潜水中にモーターボートなどが接近してきた場合，ボートのスクリュー音は十分に聴きとることができますが，その方向を把握することができず，不用意に浮上すると衝突してしまうことになります。

　他の選択肢の解説は下記のとおりです。

(1)　水中での音は空気中に比べ速く伝わります。また，弱まりにくくなるため，遠くまで伝播することができます。それは，水が空気よりも「密度が高い」ためです。一般に密度が高いものほど音は速く伝わります。音の速度は，空気中ではおよそ秒速340mですが，鋼鉄では秒速約5,000m，水中では秒速1,400mほどにもなります。ただし，水中の音の伝わり方は，水

123

温や水圧によって変わることがあります。

(3)　水中でものが青く見えるのは，青色が最も吸収されにくいからです。虹やプリズムなどに代表されるように，光にはいろいろな色が含まれていますが，水分子による吸収（減衰）の度合いは色によって異なり，暖色から吸収されていきます。すなわち，海中では赤色などの波長の長い光は吸収されやすく，青色などの波長の短い光は散乱しやすいため，全体としては青っぽく見えることになります。

(4)　私たちには海中は青色を主体としたモノトーンの世界に見えますが，これは海中の透明度が比較的高い場合であり，濁った海中では，浮遊物により光全体が散乱してしまうため，白っぽく見えることになります。過去に行われた研究によれば，そのような濁った海中で最もよく見える色は，蛍光オレンジ色，次いで白色，黄色，オレンジ色であるとされています。

(5)　光には屈折という現象が生じます。これは，密度の異なる物質に光が入射すると，その物質の境界面で光の進行方向が曲がるという現象です。私たちは潜水中，面マスクを通して海中の様子を見ることになりますが，海中を直進してきた光が面マスクに到達すると，面マスク内は空気で満たされているため，そこで光の屈折が生じます。そのため，私たちは潜水中常に屈折した光だけを見ることになりま

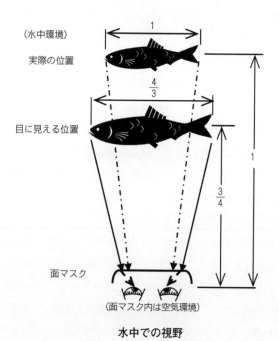

水中での視野

す。海水から空気へ入る際の光の屈折率は3/4ですので，面マスクを通して見る海中の物体は，実際の距離より近くに，また大きく見え，角度もゆがんで見えることになります。面マスクをしなければ，海中でも光は屈折することなく目に入ってきますが，海水によって眼球にある角膜のレンズ機能が失われるため，かなりぼやけた像しか見ることができません。

## 《光や音の伝播②》

### 【問22】

水中における光や音に関し，正しいものは次のうちどれか。

(1) 水中では，物が青のフィルターを通したときのように見えるが，これは青い色が水に最も吸収されやすいからである。

(2) 水中では，音に対する両耳効果が増すので，音源の方向探知が容易になる。

(3) 光は，水と空気の境界では下の図のように屈折し，顔マスクを通して水中の物体を見た場合，実際よりも大きく見える。

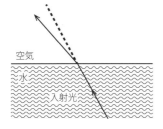

(4) 水中での音の伝播速度は，毎秒約330mである。

(5) 水は，空気と比べ密度が大きいので，水中では音は長い距離を伝播することができない。

（平成31年4月公表問題）

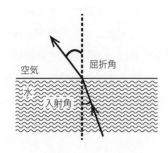

**光の屈折（水→空気のとき）**

【正解】　正しいものは，(3)。

　光は，密度の異なる物質を通過する時，その境界面で折れ曲がる（進行方向が変化する）という特性があり，これを「屈折」といいます。光が入る角度を入射角，光が出て行く角度を屈折角といいます。水中から空気中へ光が進む場合，いつも入射角より屈折角の方が大きくなり，屈折角と入射角の正弦（sin）比は約 $\frac{4}{3}$ です（$\frac{4}{3}$：1，すなわち 4：3 の意）。入射角より屈折角の方が大きい場合には，入射角が本来結像する位置よりも手前で結像することになります。このため，凸レンズを通したときのように，物体が実際よりも大きく見えることになります。また，物体が実際より大きく見えることから，脳はあたかもより近くにあるように錯覚をおこします。

　私たちは潜水中面マスクを介して水中を見ますが，水中を進んできた光は面マスク内の空気との境界面で屈折するため，面マスクを通して水中の物体を見ると実際の位置よりも近く，また大きく見えることになります。

　他の選択肢の解説は下記のとおりです。

(1)　水中でものが青く見えるのは，**青色が最も吸収されにくいからです。**虹やプリズムなどに代表されるように，光にはいろいろな色が含まれていますが，水中での吸収（減衰）の度合いは色によって異なり，暖色から吸収されていきます。すなわち，海中では赤色などの波長の長い光は吸収されやすく，青色などの波長の短い光は散乱しやすいため全体としては青っぽく見えることになります。

(2)　水中では，音の伝播速度が空気中よりも速くなるため，**両耳効果は低くなります。**音は振動（音波）によって伝播しますので，空気中よりも密度の高い固体や液体を介したほうが速く，また遠くまで伝わります。通常我々は両耳に到達する音の時間差から方向などを感知しますが，海中での音は非常に速く伝わるため，ほとんど同時に両耳に到達してしまうことから，

音源の方向を感知することが困難になります。

⑷　水中での音は，空気中（毎秒330～340m）よりも約4倍速い，**毎秒約1,400～1,500mの速さで伝播**します。音の速度は，空気中ではおよそ秒速330mですが，鋼鉄では秒速約5,000m，水中では秒速1,400mほどにもなります。ただし，水中の音の伝わり方は水温や水圧によって変わることがあります。

⑸　水中での音は空気中に比べ早く伝わります。また，弱まりにくいため，**長い距離を伝播することができます**。音は振動として伝わるため，密度が高く，変形しにくい媒体ほど音は速く，遠くまで伝わります。水は空気に比べ密度が高く，変形しにくい媒体であるので，音を遠くまで伝播することができます。

《ヘリウム》

---

**【問23】**

　ヘリウムと酸素の混合ガス潜水に用いるヘリウムの特性に関し，誤っているものは次のうちどれか。

⑴　ヘリウムは，窒素と同じく不活性の気体であり，窒素のような麻酔作用を起こすことが少ないが，窒素に比べて呼吸抵抗は大きい。

⑵　ヘリウムは，酸素及び窒素と比べて，熱伝導率が大きい。

⑶　ヘリウムは，無色・無臭で燃焼や爆発の危険性がない。

⑷　ヘリウムは，体内に溶け込む量が少なく，溶け込む速度が大きいため，早く飽和する。

⑸　ヘリウムは，気体密度が小さく，いわゆるドナルドダック・ボイスと呼ばれる現象を生じる。

（平成30年10月公表問題）

---

**【正解】**　誤っているものは，⑴。

　ヘリウムと酸素からなるヘリウム混合ガスは，窒素を利用した混合ガスよりも，**呼吸抵抗は小さなものとなります**。

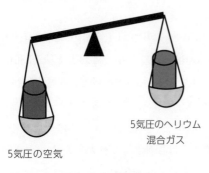

5気圧の空気

5気圧のヘリウム
混合ガス

**ヘリウム混合ガスの方が軽い
＝呼吸抵抗が小さい**

ヘリウムの密度（重さ）は0.1785 kg/㎥（0℃，1気圧）で窒素のそれ（1.250kg/㎥）に比べおよそ7分の1程度の非常に軽い気体です。したがって，このヘリウムを利用したヘリウム・酸素混合ガスは窒素を多く含む（約79%）空気に比べ密度の低い，軽い気体ということになります。これが呼吸抵抗にどのような影響を及ぼすのでしょうか。私たちは潜水中水深に応じた圧力のガスを呼吸しますが，圧力が増大すると気体密度も増大するため，潜水中は通常より「重い」空気を呼吸することになります。たとえば水深40mに潜水する場合，そこで呼吸するためには5気圧（絶対気圧）の圧力を持った空気が必要になります。このとき空気の密度も通常（大気圧状態）の5倍となり，単位体積あたりの重さも5倍になります。そのため，通常よりも5倍の重さの空気を吸い込んだり，吐き出したりするには相応の力が必要となり，これを「呼吸抵抗が増大した」と表現します。ヘリウム・酸素混合ガスを用いた場合でも，水深40mでは同様にガス密度は5倍に増大しますが，もともと空気の数分の1程度の密度でしかないので，密度が5倍に増大しても特に呼吸抵抗を感じることはありません。

他の選択肢の解説は下記のとおりです。

(2) 熱の伝わりやすさは熱伝導度（熱伝導率）によって決定されます。熱伝導度は物質によって異なり，値が大きいほど熱が伝わりやすい性質をもっています。熱は必ず高い方から低い方へ移動し，その逆は決して起こりません。温度の異なる2つの物質が接すると，温度の高い物質から低い物質へ熱の移動がおこりますが，熱伝導度が大きいほど熱の移動は急速に進みます。ヘリウムの熱伝導度は酸素や窒素の約6倍も大きいため，ヘリウムを多く含む混合ガスを潜水呼吸ガスに用いると，呼吸によって肺に吸い込

まれたヘリウムに肺内の体熱が急速に移動し，そのまま呼気として排出されてしまうため，体熱を損失することになります。

(3)　ヘリウムは，化学的に安定した気体であり，他の元素との反応が不活発なため「不活性ガス」とも呼ばれています。不活性ガスは，他の元素と化学的に反応結合して別の物質になることはないため，爆発や燃焼を起こすことがありません。高気圧作業安全衛生規則では不活性ガスとして他に窒素を規定しており，酸素と化学的に反応しないことから，酸素の希釈ガスとして潜水用混合ガスに用いられています。

[解説 問23]

(4)　気体は液体の中に溶解しますが，その量（溶解度）や溶解する速さ（拡散度）は気体によって異なります。ヘリウムを窒素と比較すると，溶解度は約0.39倍，拡散度は約2.65倍となります。したがって，ヘリウムは窒素に比べ，溶け込む量は少ないものの，溶け込む速度は大きいということができます。

(5)　気体中の音の速さを比べると，ヘリウムは密度が小さく，すなわち分子量が小さいため，気体分子が動きやすく，音が伝わる速度が空気よりも速くなります。例えば，ヘリウム中の音の速さは970m/sで，空気中（331.5m/s）のおよそ3倍になります。私たちは声帯で発した音を共鳴させて音声を作っていますが，ヘリウム混合ガスを呼吸しながら発生すると，音速の違いから共鳴の際に振動数（周波数）が約3倍になるため，音声が甲高いもの（ドナルドダック・ボイス）になってしまいます。なお，気体中の音の速さは圧力とはほとんど無関係です。潜水では，深度に応じて呼吸ガスの気体密度が増大するため，それによってヘリウム混合ガスによる音声の変化も大きくなります。

**主な物質の熱伝導度**

| 物質名 | 熱伝導度　($10^{-2}$W·m$^{-1}$·K$^{-1}$) |
|---|---|
| 空気 | 2.41 |
| 水素 | 16.82 |
| ヘリウム | 14.22 |
| 酸素 | 2.45 |
| 窒素 | 2.40 |
| 二酸化炭素 | 2.23 |
| 水 | 56.1 |

＊温度0℃のとき，Kaye & Laby,1986年による

## 《潜水業務の危険性全般①》

**【問24】**

潜水業務の危険性に関し，正しいものは次のうちどれか。

(1) 潮流のある場所における水中作業で潜水作業者が潮流によって受ける抵抗は，ヘルメット式潜水が最も小さく，全面マスク式潜水，スクーバ式潜水の順に大きくなる。

(2) 水中での溶接・溶断作業では，ガス爆発の危険はないが，感電する危険がある。

(3) 視界の良いときより，海水が濁って視界の悪いときの方が，サメやシャチのような海の生物による危険性が低い。

(4) 海中の生物による危険には，サンゴ，フジツボなどによる切り傷，タコ，ウツボなどによる刺し傷のほか，イモガイ類，ガンガゼなどによるかみ傷がある。

(5) 潜水作業中，海上衝突を予防するため，潜水作業船に下の図に示す国際信号書A旗板を掲揚する。

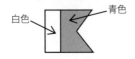

白色　　　　青色

（令和元年10月公表問題）

**【正解】** 正しいものは，(5)。

海上で潜水作業を行う際には，他船舶との衝突を避けるために，潜水作業船に青色と白色に塗り分けられた国際信号書A旗を掲揚することが，海上衝突予防法（第27条第5項）によって定められています。このA旗による信号は「本船で潜水士が活動中。徐速して通過せよ」を意味しています。

他の選択肢の解説は下記のとおりです。

(1) 潮流の影響は，**ヘルメット式潜水，全面マスク式潜水，スクーバ式潜水の順に小さくなります**。潮流がある海域では，いかなる潜水方式であってもその影響を避けることはできませんが，影響の度合いは潜水方式によって異なります。送気式潜水では，潜水者自身に加え，送気ホースにも潮流

が作用しますので，スクーバ式に比べ大きな影響を受けることになります。同じ送気式潜水方式であってもヘルメット式と全面マスク式では，使用する送気ホースの太さが全面マスク式のほうが細いので，影響はより小さいものとなります。

(2)　水中溶接，溶断作業では，**ガス爆発の危険性にも注意が必要です。**水中でも陸上と同じように溶接，溶断作業が行われており，溶接作業にはアーク溶接法が，溶断は酸素アーク法が多く用いられています。アークの発生には電気スパークを利用するため，溶接，溶断棒やホルダー部の電気接続部が十分に絶縁されていなければ感電することがあります。また，これらの作業では，溶接，溶断に用いる支燃ガスや加工の際に生じたガスが水中構造物内に滞留することがあります。それに気付かずに溶接，溶断作業を行うと，アークによる火花が滞留ガスに引火し爆発する危険があります。

【問24】解説

(3)　サメやシャチは非常に優れた感覚器官を持っているため，私たちが視覚を失うような濁った状況や暗い海中でも容易に周囲の状況を知ることができます。このような**視界の悪い海中では，サメなどの存在に気が付かずに，突然遭遇してしまう**ことがあるので，そのような危険が考えられるときには潜水を中止します。

(4)　海中の生物による危険には，**イモガイ類，ガンガゼなどによる刺し傷**があります。水中の生物による危険性は生物によって異なり，刺し傷以外にも，サメやカマス，ウツボなどによるかみ傷，サンゴやフジツボなどの鋭いふちに触れたことによる切り傷などを受傷する危険があります。

### 《潜水業務の危険性全般②：潮流》

---

**【問25】**

潜水業務における潮流による危険性に関し，誤っているものは次のうちどれか。

(1) 潮流の速い水域での潜水作業は，減圧症が発生する危険性が高い。

(2) 潮流は，干潮と満潮がそれぞれ1日に通常2回ずつ起こることによって生じる。

(3) 潮流は，開放的な海域では弱いが，湾口，水道，海峡などの狭く，複雑な海岸線をもつ海域では強くなる。

(4) 上げ潮と下げ潮との間に生じる潮止まりを憩流といい，潮流の強い海域では，潜水作業はこの時間帯に行うようにする。

(5) 送気式潜水では，潮流による抵抗がなるべく小さくなるよう，下の図のAに示すように送気ホースをたるませず，まっすぐに張るようにする。

（平成29年10月公表問題）

---

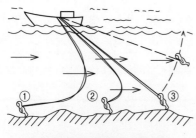

送気式潜水における潜水者の位置
①：× 潮流による負荷が大きくかかる。
②：○ 適当な位置。
③：× 潮流により吹き上げられてしまう。

**送気式潜水時の潮流による影響**

**【正解】** 誤っているものは，(5)。

送気式潜水では，送気ホースが潮流によって流されるため，その影響は潜水者にも及びます。潮流が速い場所で潜水するとき，**送気ホースに適度にたるみを持たせる**ように，常に調整することが必要です。送気ホースを張りすぎてまっすぐな状態になっていると，送気ホースに引きずられる形で，

潜水者が海底から引き離され，それが引き金となって吹き上げ事故に至る場合があります（③の状態）。またホースを繰り出しすぎて大きく弛んだ状態では，潮流による影響を大きく受けることになります（①の状態）。したがって，送気ホースの繰出し量は，常に最適となるように調整することが必要です（②の状態）。いつもは潮流が穏やかな海域でも，海象条件の変化によって潮流の方向や速さも変わりますので，それらに対する注意も怠らないようにしなければなりません。

　他の選択肢の解説は下記のとおりです。

(1)　潮流の速い水域での潜水作業を行うと，作業自体による負荷に加え，潮流に流されないように身体を支えるために常に大きな力を使います。そのため，通常の潜水に比べ潜水者への負荷は非常に大きなものとなります。負荷の増大は，呼吸量の増加を招くため，体内へ取り込まれる窒素量も増えることから，減圧症の危険性も高くなります。

(2)　潮流は，1日2回ずつ起こる潮汐の干満によって生じる流れのことですが，満潮から干潮に変わるときに生じる沖合方向への流れを下げ潮，干潮から満潮に変わるときに生じる岸方向への流れを上げ潮といいます。

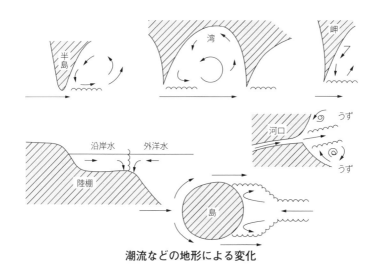

**潮流などの地形による変化**

(3) 潮流は，湾口や水道，海峡といった狭く，複雑な海岸線をもつ海域では比較的強く，開放的な海域では弱いものとなります。また狭い水路や細長い入り江，岩礁と岩礁の間では，一方的に沖合に向かう速い流れの離岸流（リップカレント）が生じますので注意が必要です。

(4) 下げ潮から上げ潮または上げ潮から下げ潮に変わる際には，潮流が一時的に停止する憩流（けいりゅう）と呼ばれる状態になります。潮流の速い海域では，このときに潜水作業を行うようにすれば，潮流の影響をほとんど受けることがありません。

## 《潜水墜落・吹き上げ①》

【問26】

ヘルメット式潜水における潜水墜落の原因として，誤っているものは次のうちどれか。

(1) 不適切なウエイトの装備
(2) 潜水服のベルトの締付け不足
(3) 急激な潜降
(4) さがり綱（潜降索）の不使用
(5) 吹き上げ時の処理の失敗

（平成29年10月公表問題）

【正解】 誤っているものは，(2)。

潜水服のベルトの締付け不足は，潜水墜落ではなく，**吹き上げの原因**となります。ヘルメット式潜水器では，余剰な空気を排気する排気弁はヘルメット部分にしか設けられていません。したがって，潜水中姿勢を崩し，脚部に多くの空気が流入してしまった場合には，容易に排気することができず，脚を上にした逆立ち状態となって一気に水面まで吹き上げられてしまうことになります。このような状態に陥らないためには，下半身への空気の流入を制限するために腰部をベルトでしっかりと締め付けるとともに，身体を横に傾

ける場合には，潜水服内の空気を必要最小限とし，また脚部に空気が溜まらないように注意しなければなりません。

他の選択肢の解説は下記のとおりです。

(1)　ヘルメット式潜水では，送気された空気を潜水服内に蓄えることによって浮力を得ています。かなり大きな浮力を得ることが可能となるため，使用するウエイト（鉛錘）も約30kg程度のものが用いられています。しかし，これを超えるようなあまりに過度のウエイトを使用すると，潜水服による必要な浮力を得ることができず潜水墜落に陥ることになります。

(3)　ヘルメット式潜水では，潜水服内に蓄えた空気を利用して浮力を得ています。潜降はこの空気を排気することによって行いますが，過剰な排気によって急激に潜降した場合には，浮力回復のための潜水服内貯気が間に合わず，潜水墜落に至ることになります。また墜落に陥り潜水深度が急激に増せば，気体体積も激減してしまうため，通常の方法では浮力を得ることができなくなってしまいます。

(4)　ヘルメット式潜水を含めすべての潜水においては，潜降や浮上を安全に行うために，さがり綱（潜降索）を必ず使用しなければなりません。潜水中，万一吹き上げや潜水墜落の状態に陥りそうになった時，潜降索は有効な危機回避装置となります。そのため高気圧作業安全衛生規則でも，潜水業務時のさがり綱使用を義務付けています（同規則第33条）。

(5)　潜水者が一気に水面まで浮きあがってしまう吹き上げと，逆に海底まで沈降してしまう潜水墜落は全く異なる事象ですが，いずれも浮力調整の失敗に起因するものです。浮力過多で吹き上げに陥りそうになったとき，慌てて排気弁を操作したりすると，過剰な排気により今度は浮力不足の状態となり，一転して潜水墜落を起こすことになります。

《潜水墜落・吹き上げ②》

---

**【問27】**

潜水墜落又は吹き上げに関し，正しいものは次のうちどれか。

(1) 潜水墜落は，潜水服内部の圧力と水圧の平衡が崩れ，内部の圧力が水圧より高くなったときに起こる。

(2) ヘルメット式潜水では，潜水作業者が頭部を胴体より下にする姿勢をとり，逆立ちの状態になってしまったときに潜水墜落を起こすことがある。

(3) スクーバ式潜水は，送気式ではないので，潜水服としてウエットスーツ又はドライスーツのいずれを使用する場合も，吹き上げの危険性はない。

(4) 流れの速い場所でのヘルメット式潜水においては，送気ホースや信号索をたるませず，まっすぐに張るようにして潜水すると吹き上げになりにくい。

(5) 吹き上げ時の対応を誤ると，逆に潜水墜落を起こすことがある。

(令和2年4月公表問題)

---

**【正解】** 正しいものは，(5)。

潜水者が一気に水面まで浮きあがってしまう吹き上げと，逆に海底まで沈降してしまう潜水墜落は全く異なる事象ですが，いずれも浮力調整の失敗に起因するものです。浮力過多で吹き上げに陥りそうになったとき，慌てて排気弁を操作して急激な排気を行うなど対応を誤ると，過剰な量の排気により今度は浮力不足となり，一転して潜水墜落を起こすことになります。

他の選択肢の解説は下記のとおりです。

(1) 潜水墜落の原因は，浮力と水圧の均衡が適切に行えなかったことによるものです。潜水墜落はヘルメット式潜水に多く見られる事故です。ヘルメット式潜水では潜水服内に空気を蓄えることによって潜水服を膨張させ，浮力を得ていますが，このとき潜水服内部の圧力と水圧との均衡が上手く保たれず，**潜水服内部の圧力が水圧より低くなると**，潜水服が十分に膨らまず，必要な浮力が得られなくなるため，潜水墜落を起こすことになります。潜水中の浮力調整は，浮力体の容積を変化させることによって行いますので，ドライスーツを利用するスクーバ式潜水や全面マスク式潜水の場合に

も同様の危険が潜在しています。

(2) ヘルメット式潜水では，頭部に装着したヘルメット潜水器にキリップと呼ばれる排気弁が装備されています。そのため，逆立ち状態になってしまうと排気弁の操作が十分に行えなくなり，浮力過剰となって**水面まで一気に吹き上げられてしてしまう**ことになります。潜水墜落は吹き上げとはまったく逆の現象で，排気弁の操作不良や突然の送気中断などにより浮力が減少した場合に，沈みがちとなって一気に海底まで潜降してしまう状態のことをいいます。

(3) 吹き上げはヘルメット式潜水ばかりでなく，**ドライスーツを用いたスクーバ式潜水でも起こる危険があります**。ヘルメット式に用いられる潜水服に比べればその量は少ないものの，ドライスーツの内部にも空気を蓄えることができますので，水深の変化に応じてその量を適切に調整しなければ，浮力と水圧の均衡が崩れ，吹き上げを起こすことになります。

(4) 流れの速い場所でヘルメット式潜水を行うと，送気ホースが潮流によって流されるため，その影響は潜水者にも及びます。潮流が速い場所で潜水するとき，送気ホースを張りすぎてまっすぐな状態になっていると，送気ホースに引きずられる形で，潜水者が海底から引き離され，それが引き金となって**吹き上げ事故に至る場合があります**。

《**水中拘束・溺れ①**》

【問28】

　水中拘束又は溺れに関し，誤っているものは次のうちどれか。

(1) 送気式潜水では，水中拘束を予防するため，障害物を通過するときは，周囲を回ったり，下をくぐり抜けたりせずに，その上を超えていくようにする。

(2) スクーバ式潜水では，些細なトラブルからパニック状態に陥り，正常な判断ができなくなり，自らくわえている潜水器を外してしまって溺れることがある。

(3) 送気式潜水では，溺れに対する予防法として，送気ホース切断事故を生じないよう，潜水作業船にクラッチ固定装置やスクリュー覆いを取り付ける。

解説
【問27】
→
【問28】

(4) 気管支や肺にまで水が入ってしまい窒息状態になって溺れる場合だけでなく，水が気管に入っただけで呼吸が止まって溺れる場合がある。
(5) ヘルメット式潜水では，溺れを予防するため，救命胴衣又はBCを必ず着用する。　　　　　　　　　　　　　　　　　（令和元年10月公表問題）

【正解】　誤っているものは，(5)。

　ヘルメット式潜水では，溺れを予防するためには，救命胴衣やBCではなく，**緊急ボンベを携行する**ようにします。ヘルメット式潜水で溺れる原因の多くは，コンプレッサーの停止や送気ホースの断裂など，送気が中断したことによるものです。したがって，予防策としては，万一の場合の呼吸源として緊急ボンベを携行することが効果的です。

　他の選択肢の解説は下記のとおりです。

(1)　送気式潜水で障害物を通過する際には，障害物の周囲をまわったり，下をくぐり抜けたりせず，障害物の上を越えていくようにします。これは送気ホースが障害物に絡みつかないようにするための措置です。また，障害物を通過する際には，周囲の状況をよく観察しておき，帰りも来たときと同じ経路を戻るようにします。送気式潜水では，潜水者自身にロープや魚網が絡みつくといったこと以外に，障害物に送気ホースが絡みついて移動や浮上ができなくなってしまうという危険があります。これを予防するためにも，障害物通過の際には細心の注意が必要です。

(2)　スクーバ式潜水では，通常船上の支援員との通信手段は装備していません。したがって，水中拘束のような事態に陥った場合に，船上に救援を求める手段がありません。スクーバ式潜水では，呼吸源は携行したボンベだけであり，長時間の拘束は空気切れによる窒息を招くことにもなります。そのため，万一の場合に備えて，スクーバ式潜水では必ず2人1組（バディ潜水）で潜水を行うようにします。

(3)　送気式潜水では，送気ホースの繰り出しが適切に行われないと，自船または他の作業船のスクリューに送気ホースが絡みついてしまう場合があり

ます。このような危険を避けるため，送気
ホース繰り出し量を常に適切に調整するよ
う連絡員に指導するとともに，潜水作業船
には，クラッチ固定装置やスクリュー覆い
を取り付けるようにします。

(4) 潜水中，思いがけず不意に水が気管に入
ると，たとえ少量であっても呼吸が停止し
て窒息状態となり溺れる場合があります。
潜水中に気管内に水を吸引してしまうよう
なことは，通常はありませんが，予想外の
アクシデントに遭遇しパニック状態に陥る
と，呼吸が荒くなったり，浮上をあせる切

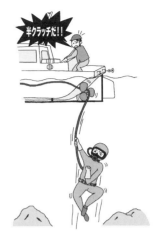

スクリューへの送気ホースの
絡みつきによる水中拘束

迫感などから気管内に水を吸引してしまう可能性があります。気管に水が
入ると，反射的に徐脈や心停止などの循環不全を起こす場合があり，意識
が消失し呼吸停止した状態で海中に沈んでしまいます。その状態では，数
分後に喘ぎ様の呼吸が起こっても，それによってさらに海水を飲み込むこ
とになり，ついには溺れてしまうことになります。

《水中拘束・溺れ②》

【問29】

　水中拘束又は溺れに関し，正しいものは次のうちどれか。
(1) 水中拘束によって水中滞在時間が延長した場合であっても，当初の減圧
　時間をきちんと守って浮上する。
(2) 送気ホースを使用しないスクーバ式潜水では，ロープなどに絡まる水中
　拘束のおそれはない。
(3) 沈船，洞窟などの狭いところに入る場合，ガイドロープは，潜水器に絡
　みつき水中拘束になるおそれがあるので，使わないようにする。
(4) 気管支や肺にまで水が入ってしまい窒息状態になって溺れる場合だけ

でなく，水が気道に入っただけで呼吸が止まって溺れる場合がある。
(5) ヘルメット式潜水では，溺れを予防するため，救命胴衣又はBCを必ず
着用する。　　　　　　　　　　　　　　　（令和2年4月公表問題）

**【正解】**　正しいものは，(4)。

　潜水中に，思いがけず不意に水が気管に入ると，たとえ少量であっても呼吸が停止して窒息状態に陥って溺れる場合があります。潜水中に気管内に水を吸引してしまうようなことは，通常はありませんが，予想外のアクシデントに遭遇しパニック状態に陥ると，呼吸が激しくなったり，浮上をあせる切迫感などから気管内に水を吸引してしまう可能性があります。気管に水が入ると，反射的に徐脈や心停止などの循環不全を起こす場合があり，意識が消失し呼吸停止した状態で海中に沈んでしまいます。その状態では，数分後に喘ぎ様の呼吸が起こっても，それによってさらに海水を飲み込むことになり，ついには溺れてしまうことになります。

　他の選択肢の解説は下記のとおりです。

(1)　水中拘束によって潜水時間が計画より超過してしまった場合には，当初の減圧時間を変更し，水中拘束によって**延長された潜水時間に対応し，減圧時間を変更して浮上**しなければなりません。また，船上においても，万一の場合に備えて再圧などの処置が迅速に行えるよう準備態勢を整えておくことが必要です。

(2)　船上から呼吸ガスの送気を受け，水中電話等により支援を受けることができる送気式潜水に比べ，単独潜水となるスクーバ式潜水では，多くの装備を装着する必要があります。その分，**放置されたロープなど水中の障害物が絡みつく恐れは大きく**，それが原因となり水中拘束に陥る場合があります。

(3)　沈船や洞窟などの狭いところに入る場合は，退出路を確保するために**ガイドロープを使用する**ようにします。沈船や洞窟の内部は，形状が複雑に入り組んでいるため進路を間違いやすく，また潜水者が巻き上げた堆積物が水中ライトの光を遮ってしまうため，十分な視界を得ることもできませ

ん。このような状況下で不用意に行動すると，出口を見失うばかりか障害物によって水中拘束されてしまうことさえあります。実際にスクーバ式潜水で沈船内に入ったダイバーが出口を見失い，沈船内に閉じ込められたあげく，ボンベの空気を使いきって溺死してしまった事故例がいくつか報告されています。このような事態に陥らないためには，出口に通ずる経路にガイドロープを設置し，それを基準に行動するようにします。

(5) ヘルメット式潜水などの送気式潜水では，溺れを予防するためには，**救命胴衣やBCではなく，緊急ボンベを携行する**ようにします。送気式潜水で溺れる原因の多くは，コンプレッサーの停止や送気ホースの断裂など，送気が中断したことによるものです。したがって，万一の場合の呼吸源として緊急ボンベを携行するようにします。

## 《特殊な環境》

### 【問30】

特殊な環境下における潜水に関し，正しいものは次のうちどれか。
(1) 河川での潜水では，流れの速さに対応して素早く行動するために，装着する鉛錘（ウエイト）の重さは少なくする。
(2) 冷水中では，ドライスーツよりウエットスーツの方が体熱の損失が少ない。
(3) 河口付近の水域は，一般に視界が悪いが，降雨により視界は向上するので，降雨後は潜水に適している。
(4) 汚染のひどい水域では，スクーバ式潜水は不適当である。
(5) 山岳部のダムなど高所域での潜水では，海面よりも環境圧が低いため，通常よりも短い減圧時間で減圧することができる。

（平成31年4月公表問題）

**【正解】** 正しいものは，(4)。

汚染のひどい水域での潜水では，汚染水を誤って飲み込んでしまったために，有害物質による中毒や微生物等による感染症を発症する場合があります。

スクーバ式潜水では，通常レギュレーターを口にくわえる形で潜水を行いますので，汚染水を飲み込む可能性が高く，不適当です。顔面または頭部全体を覆うことのできる全面マスク式やヘルメット型の潜水器を用いれば，水中に露出する部分が少なく，汚染水を飲み込んでしまうリスクを低減することができます。

　他の選択肢の解説は下記のとおりです。

(1)　河川などの流れの速い水域では，何もしなければそのまま流されてしまうことになります。そこで，流れの速さに対応するために，潜水者が装着する**ウエイトの重さを増やす**ことや命綱（ライフライン）を使用することが必要です。

(2)　熱の伝わりやすさは熱伝導度によって示されます。熱伝導度は物質によって異なりますが，水の熱伝導度は空気のそれよりもはるかに大きいので，空気より水の方が熱を伝えやすいことになります。潜水して身体が水に接すると，この高い熱伝導度によって体熱が速く水の中に伝わってしてしまいます。したがって，冷水中では，身体が水に接するウエットスーツより，空気で覆われたドライスーツの方が体熱の損失が少なくなります。

(3)　河川では降雨によって流域の土砂が流れ込むため水が濁り，透明度は極端に悪化します。したがって，河口付近もその影響によって視界が悪化するため潜水の危険度は増すことになります。激しい降雨によって透明度が極端に悪化すると，数cm先の状況も視認することができなくなるので大変危険です。またこのような海域では，水中照明器も用を成さないため無視界環境潜水として十分な装備と体勢を整えなければ潜水を行うことはできません。

(5)　ダムなど高所域での潜水では，海で行われる通常の潜水のときよりも長い減圧時間が必要になります。潜水時の浮上方法を示した減圧表は，通常海での潜水を想定したものです。山岳部では，標高に応じ環境圧力が海面より低くなるため，減圧表を利用する際には，環境圧力の低下に応じた補正が必要になります。この補正により，減圧時間は海での潜水に比べ長くなります。

# 2．送気，潜降及び浮上

## 《送気系統①》

【問31】

　ヘルメット式潜水の送気系統を示した下の図において，AからCの設備の名称の組合せとして，正しいものは(1)～(5)のうちどれか。

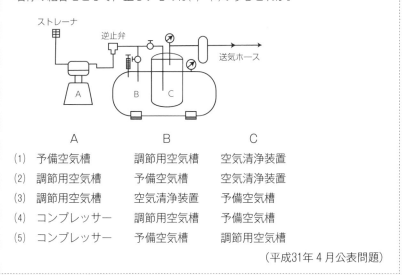

|     | A | B | C |
| --- | --- | --- | --- |
| (1) | 予備空気槽 | 調節用空気槽 | 空気清浄装置 |
| (2) | 調節用空気槽 | 予備空気槽 | 空気清浄装置 |
| (3) | 調節用空気槽 | 空気清浄装置 | 予備空気槽 |
| (4) | コンプレッサー | 調節用空気槽 | 予備空気槽 |
| (5) | コンプレッサー | 予備空気槽 | 調節用空気槽 |

（平成31年４月公表問題）

【正解】　正しいものは，(5)。

　コンプレッサー（空気圧縮機ともいう）によって製造された圧縮空気は，逆流防止用の逆止弁を経由して調節用空気槽と予備空気槽にそれぞれ送られます。予備空気槽に所定の圧力（潜水深度相当圧の1.5倍以上）の空気が蓄えられたら，潜水者への送気を開始します。送気は，まず調節用空気槽で空気圧縮機の脈動を緩和させ，空気清浄器で圧縮空気中の油分や水分を除去し

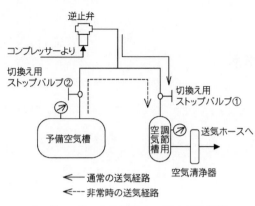

コンプレッサーから送気ホースまでの経路

た後,潜水者へ送られます。

コンプレッサーから送気ホースまでの経路を右図に示します。問題の図では予備空気槽と調整用空気槽が組み合わされていますが,分かりやすいように右図では別々に表示しています。

コンプレッサーと空気槽の間には逆止弁が設けられています。送気中にコンプレッサーが停止してしまうと,空気槽内の空気のほうが圧力の高い状態となり,空気槽からコンプレッサーへ空気が逆流してしまいます。これでは,予備空気槽としての機能を発揮することはできませんので,逆止弁を設け,空気槽からの逆流を防ぎます。

調節用空気槽側にある切り換え用ストップバルブ①は,送気前は閉じておき,予備空気槽のほうに圧縮空気が送られるようにし,送気開始後は常に開いた状態にしておきます。

予備空気槽側にある切り換え用ストップバルブ②は,予備空気槽に貯気するときには開いておき,貯気が完了したら閉じて予備空気槽内の空気が逃げないようにしておきます。非常時には,このストップバルブを操作し,予備空気槽から潜水者へ送気を行います。

なお,この一連のバルブ操作は,特別教育を修了した者（送気員）以外は行うことができません。

《送気系統②》

**【問32】**

　全面マスク式潜水の送気系統を示した下の図において，AからCの設備の名称の組合せとして，正しいものは(1)～(5)のうちどれか。

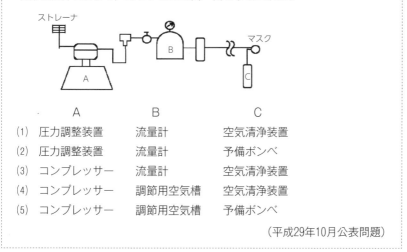

|  | A | B | C |
|---|---|---|---|
| (1) | 圧力調整装置 | 流量計 | 空気清浄装置 |
| (2) | 圧力調整装置 | 流量計 | 予備ボンベ |
| (3) | コンプレッサー | 流量計 | 空気清浄装置 |
| (4) | コンプレッサー | 調節用空気槽 | 空気清浄装置 |
| (5) | コンプレッサー | 調節用空気槽 | 予備ボンベ |

（平成29年10月公表問題）

【正解】　正しいものは，(5)。

　全面マスク式潜水における送気は，コンプレッサー（空気圧縮機）［A］で空気を必要な圧力まで圧縮したあと，逆止弁を通して調節用空気槽［B］に入れてコンプレッサーによる脈動を調整し，同時に予備空気槽に緊急時の空気を蓄え，調整用空気槽から空気清浄装置，送気ホースを経て，潜水者に送られます。コンプレッサーから後の送気経路は潜水者ごとに設けなければならず，また，空気槽には，調節用空気槽と予備空気槽を設けなければなりません（高気圧作業安全衛生規則第8条　空気槽）。さらに，予備空気槽については，その内容積の基準も定められています。また，同規則では，調節用空気槽の内容積が予備空気槽の基準を満たす場合や，潜水者が携行した予備ボンベ［C］が予備空気槽の基準に適合するものであるときには，予備空気槽を設けなくてもよいとしています。

予備ボンベ（緊急ボンベ）

設問の図を見てみましょう。潜水者のマスクには2本の線がつながっています。一つはコンプレッサーからのもので，もう一つは［C］からのものとなっています。潜水者の全面マスクは潜水器ですので，ここに入る線は，送気または給気の経路となります。したがって，［C］に該当するものとしては予備ボンベが適当です。潜水者が予備ボンベを携行する場合，上記のように予備空気槽の設置を省くことができますので，［B］の空気槽は調節用空気槽となります。

　これらのことから，(5)の組合せが正解となります。全面マスク式潜水器には圧力調整器が用いられていますので，送気系統に圧力計の設置が必要となりますが，図では［B］の上部のシンボルがそれに相当します。潜水者が［C］の予備ボンベを携行しない場合には，送気系統に予備空気槽を設けなければなりません。

《空気圧縮機》

【問33】

　潜水業務に用いるコンプレッサーなどに関し，誤っているものは次のうちどれか。

(1)　予備空気槽は，コンプレッサーの故障などの事故が発生した場合に備えて，必要な空気をあらかじめ蓄えておくためのものである。

(2)　コンプレッサーの機能・性能を保持するためには，原動機とコンプレッサーとの伝動部分をはじめ，冷却装置，圧縮部，潤滑油部などについて保守・点検の必要がある。

(3)　潜水作業船に設置する固定式のコンプレッサーの空気取入口は，機関室の外に設置する。

(4)　コンプレッサーの圧縮効率は，圧力の上昇に伴い増加する。

(5)　スクーバ式潜水のボンベの充填に用いる高圧コンプレッサーの最高充填圧力は，一般に20MPaであるが30MPaの機種もある。

(令和元年10月公表問題)

【正解】　誤っているものは，(4)。

　コンプレッサーによる圧縮の効率は，**圧力の上昇に伴って低下します。**

　コンプレッサーの圧縮効率は，一般に吐出圧力が低いほど高く，圧力が高くなるほど低くなります。そのため，吐出圧力が0.2〜0.3MPa以下の低い範囲では，高い圧縮効率を得ることが出来ます。コンプレッサーによる圧縮空気の製造量は，シリンダー径とピストンのストロークおよびレシプロ回転数から算出することができますが，実際の製造量は，空気中に存在する水蒸気量やシリンダー壁とピストンリングからの微小な漏れ，吸入空気の熱膨張による容積効率の低下などにより，計算値よりも少ないものとなります。この計算値と実際の製造量との比を効率(圧縮効率)といいます。コンプレッサーの圧縮効率は，圧力が高いほど先に示した要因による影響が大きくなるため，効率が低下します。次ページの図に潜水用のコンプレッサーの効率(参考値)を示します。

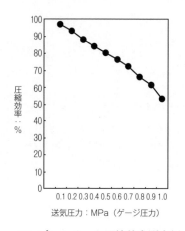

**コンプレッサーの圧縮効率測定例
（参考値）**

他の選択肢の解説は下記のとおりです。

(1)　予備空気槽は，コンプレッサーの故障等により圧縮空気の製造が中断した場合に備え，所定の量の圧縮空気を蓄えておくための空気槽として使用されます。空気槽には，予備空気槽の他にコンプレッサーからの圧縮空気を整える「調節用空気槽」があり，これらは潜水者ごとにそれぞれ設置することが規則によって義務付けられています。

［高気圧作業安全衛生規則第8条（空気槽）］

(2)　安全に潜水作業を行うためには，清浄で適量の空気が不安なく送気されなければなりません。そのためには，コンプレッサーとその付帯設備の保守・点検が非常に重要です。原動機とコンプレッサーとの伝動部分（ベルト，クラッチ等）をはじめ，冷却装置，圧縮部，潤滑油部，空気取入部および吐出部について最低でも1週間に1回以上は保守・点検を行うようにします。

(3)　固定式のコンプレッサーは，通常潜水作業船の機関室内に設置されます。機関室は船舶エンジンの排気ガスや潤滑油類の飛沫などで汚れていることが多いので，コンプレッサーに常に新鮮な空気を取り入れるために空気取入れ口を機関室外に設置するようにします。

(5)　スクーバ式潜水に用いられる高圧コンプレッサーは，空気を高圧に圧縮してボンベに充塡するための設備です。現在使用されている高圧コンプレッサーは小型の機種から大型のものまでさまざまです。最高充塡圧力は，一般的には約20MPaですが，最近では30MPaの機種も使用されることがあります。

《ボンベの給気量①》

【問34】

　毎分20Lの呼吸を行う潜水作業者が，水深20mにおいて，内容積14L，空気圧力19MPa（ゲージ圧力）の空気ボンベを使用してスクーバ式潜水により潜水業務を行う場合の潜水可能時間に最も近いものは次のうちどれか。

　ただし，空気ボンベの残圧が５MPa（ゲージ圧力）になったら浮上するものとする。

(1)　16分

(2)　32分

(3)　44分

(4)　48分

(5)　98分

（平成30年10月公表問題）

解説
【問34】

【正解】　最も近いものは，(2)。

　スクーバ式潜水では，潜水時のボンベの空気切れは大きな事故に直結するので給気能力（潜水可能時間）の把握は非常に重要です。潜水可能時間は，携行するボンベの空気量とその空気の消費量によって決まります。

　まず，空気量のほうから考えてみましょう。使用できる空気量は設問中にあるように「内容積14L，空気圧力19MPa（ゲージ圧力）」の空気ボンベです。このボンベには，どのくらいの空気が入っているのでしょうか。ボイルの法則により，空気は圧力により圧縮され，容積が減少します。したがってボンベ内の空気は，圧力19MPaで圧縮された容積14Lの空気ということになります。これが，残圧５MPaになったら浮上するという条件がついていますので，潜水中使用できる圧力は，(19−5＝) 14MPaということになります。つまり，潜水に使用できる空気量は，圧力14MPaで容積14Lの空気ということになります。

　ボンベ内の空気量を評価する場合には，大気圧（１atm）を基準とします。１atm＝0.10MPaですので，14MPaをatmに換算すると，14÷0.10＝140atm

となります。ボンベの内容積は14Lですから，潜水に使用できる空気の量は，

14×140＝1,960（L）

ということになります。

　次に消費量ですが，潜水作業者は「毎分20L」の呼吸を行います。水深20mへの潜水中も，毎分20Lの呼吸を行います。この時の空気の呼吸量をボンベの空気量を評価するときと同様に，大気圧を基準に評価すれば，水深20mは3atm（絶対気圧）ですので，

3×20＝60（L／分）

ということになります。

　使用できる空気の量と，潜水作業者が潜水中に消費する空気の量が分かったところで，これらを用いて潜水可能時間を検討します。使用できる空気量は1,960Lであり，水深20mでの潜水者の空気消費量は60L／分ですので，潜水可能時間は，

1,960÷60＝32.666…≒**32.67（分）**

となります。32.67分以下で最も近い値は(2)の32分ですので，(2)が正解となります。

《ボンベの給気量②》

【問35】

　毎分20Lの呼吸を行う潜水作業者が，水深10mにおいて，内容積12L，空気圧力19MPa（ゲージ圧力）の空気ボンベを使用してスクーバ式潜水により潜水業務を行う場合の潜水可能時間に最も近いものは次のうちどれか。

　ただし，空気ボンベの残圧が5MPa（ゲージ圧力）になったら浮上するものとする。

(1)　37分
(2)　42分
(3)　47分
(4)　52分
(5)　57分

（令和元年10月公表問題）

解説
【問35】

【正解】　最も近いものは，(2)。

　この問題は，前の問題と同様にスクーバ式潜水で携行したボンベによる潜水可能時間を求めるものです。異なる点は，水深が10mであること，ボンベの内容積が12Lであることです。潜水作業者の呼吸量が20L／分であること，ボンベの圧力が19MPaであること，また残圧が5MPaになったら浮上することは同じです。それでは，前の問題と同じ手順で考えていきましょう。

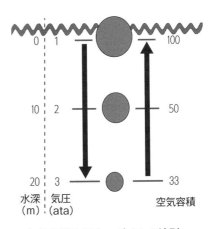

気体体積と圧力：ボイルの法則

　まず，潜水に使用できる空気の量を考えます。使用できる空気量は「内容積12L，空気圧力19MPa（ゲージ圧力）」の空気ボンベです。このボンベの残圧が5MPaになったら浮上するという条件がついていますので，潜水中

使用できる圧力は，（19−5＝）14MPaということになります。ボンベ内の空気量を評価する場合には，大気圧（1atm＝0.10MPa）を基準としますので，14MPaをatmに換算すると，14÷0.10＝140atmとなります。ボンベの内容積は12Lですから，潜水に使用できる空気の量は，

$$12 \times 140 = 1{,}680 \ (L)$$

ということになります。前の問題では，ボンベの内容積は14Lでしたので，その内容積の差は2Lにすぎません。大きなペットボトル1本分です。しかし，使用できる空気の量は，280Lも少なくなります。高い圧力の空気ボンベでは，わずかな内容積の差で空気使用量が大きく異なることが分かります。

　次に消費量ですが，潜水作業者は「毎分20L」の呼吸を行います。水深10mへの潜水中も，毎分20Lの呼吸を行います。水深10mは2atm（絶対気圧）ですので，潜水中の呼吸量は大気圧を基準にすれば，

$$2 \times 20 = 40 \ (L／分)$$

ということになります。前の問題（問5）のときと呼吸量は変わりませんが，水深は半分となっています。それでも消費量は約30％減るだけで半分にはなりません。気体の体積はボイルの法則によって圧力の変化に反比例しますので，潜水深度と消費量の変化を評価する際には，この点十分に慎重が必要です。

　さて，潜水可能時間ですが，使用できる空気量は1,680Lであり，水深10mでの潜水者の空気消費量は40L／分ですので，潜水可能時間は，

$$1{,}680 \div 40 = \underline{\mathbf{42 \ (分)}}$$

となります。したがって，⑵が正解となります。

《空気槽》

【問36】

送気式潜水器の空気槽に関し，誤っているものは次のうちどれか。
(1) コンプレッサーから送られる圧縮空気は脈流であるが，調節用空気槽により緩和される。
(2) 調節用空気槽は，送気に含まれる水分や油分を分離する機能をもっている。
(3) 潜水作業終了後は，空気槽内の汚物を圧縮空気と一緒にドレーンコックから排出させる。
(4) 予備空気槽は，調節用空気槽と一体に組み込まれている場合は少なく，通常，独立して設けられる。
(5) 予備空気槽は，コンプレッサーの故障などの事故が発生した場合に備えて，必要な空気をあらかじめ蓄えておくための設備である。

(平成30年4月公表問題)

【問36】解説

【正解】 誤っているものは，(4)。

予備空気槽は，調節用空気槽と**一体に組み込まれたものが多く使用されて**います。

送気式潜水では，送気の調節に用いる調節用空気槽と事故に備えて必要な空気を蓄えておく予備空気槽を用意する必要があります。ただし，調節用空気槽の内容積が十分に大きく，予備空気槽に求められる内容積の条件を満たす場合には，予備空気槽は省くことができます（高気圧作業安全衛生規則第8条 空気槽）。そのため，実際の作業現場では，大きな内容積を持つ調節用空気槽を設け，予備空気槽の機能を一体に組み込んだものが用いられています。

他の選択肢の解説は下記のとおりです。

(1) コンプレッサーでの圧縮空気製造は，シリンダー内を往復するピストンの作用によって行われます。ピストン運動（吸気→圧縮）のため，圧縮は断続的に行われるので，製造される圧縮空気は圧力が変動する脈流となります。この状態では，潜水作業者への送気には適さないので，調節用空気

153

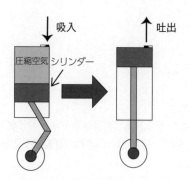

吸入　　　　吐出

圧縮空気　シリンダー

**圧縮空気の製造方法**

槽に一旦蓄えることによって脈動を緩和させてから，送気するようにします。

(2) コンプレッサーから調整用空気槽に送られた高温の圧縮空気には水蒸気やコンプレッサーの機械油などが含まれています。調節用空気槽にこの圧縮空気を蓄え，空気温度を下げることによって，水蒸気は凝結水となり，また機械油も沈殿しますので，送気中の水分や油分を取り除くことができます。

(3) 圧縮空気に含まれる水分（水蒸気）や油分等は空気槽内に沈殿滞留するので，潜水作業終了後は空気槽のドレーンコックを操作し，空気槽内の圧縮空気を利用してこれらを排出します。

(5) 予備空気槽は，事故に備えて必要な空気を蓄えておくための空気槽で，高気圧作業安全衛生規則によって設置が義務付けられています。

《送気式潜水の設備器具①》

【問37】

　送気式潜水に使用する設備又は器具に関し，正しいものは次のうちどれか。

(1)　コンプレッサーの空気取入口は，作業に伴う破損などを避けるため機関室の内部に設置する。

(2)　コンプレッサーの圧縮効率は，圧力の上昇に伴い低下する。

(3)　流量計は，コンプレッサーと調節用空気槽の間に取り付けて，潜水作業者に送られる空気量を測る計器である。

(4)　フェルトを使用した空気清浄装置は，潜水作業者に送る圧縮空気に含まれる水分と油分のほか，二酸化炭素と一酸化炭素を除去する。

(5)　終業後，調節用空気槽は，内部に0.1MPa（ゲージ圧力）程度の空気を残すようにしておく。

(平成31年4月公表問題)

解説【問37】

【正解】　正しいものは，(2)。

　コンプレッサーによる圧縮の効率は，圧力の上昇に伴って低下します。コンプレッサーの圧縮効率は，一般に吐出圧力が低いほど高く，圧力が高くなるほど低くなります。そのため，吐出圧力が0.2〜0.3MPa以下の低い範囲では，高い圧縮効率を得ることができます。コンプレッサーの圧縮効率は，圧力が高いほど，また吸入空気の熱膨張による容積効率の低下などにより，低下します。

　他の選択肢の解説は下記のとおりです。

(1)　コンプレッサーの**空気取入れ口は機関室の外部に設置します**。コンプレッサーの空気流入口にはストレーナーと呼ばれるろ過装置が取り付けられており，コンプレッサー内にゴミや埃が流入することを防いでいます。しかし，一酸化炭素のような有毒なガスをろ過することはできませんので，排気ガスのような有毒ガスが流入しないように，空気取入れ口は機関室外部に設置します。

(3)　流量計は，**空気清浄装置と送気ホースの間**に取り付けて，潜水者に適量

の空気が送気されていることを確認する計器です。ヘルメット式潜水器など圧力調整器（レギュレーター）が装備されていない潜水器を使用する場合には，規則によってその設置が義務付けられています。一方，全面マスク式潜水器のように，圧力調整器を用いる場合には，流量計ではなく圧力計の設置が必要となります。

(4)　フェルトを利用した空気清浄装置では，**二酸化炭素や一酸化炭素を除去することはできません**。空気清浄装置の清浄材にはフェルトが用いられていますが，フェルトは繊維を絡み合わせて布状にしたもので，絡み合った繊維の隙間に空気を通すことによって，空気中のゴミや埃をからめとることを目的としたものです。したがって，一酸化炭素のような有毒なガスや二酸化炭素をろ過することはできません。送気式潜水を行う場合には，コンプレッサーに排気ガス（一酸化炭素等）のような有毒ガスが流入しないように十分注意しなければなりません。

(5)　終業後は，ドレーンコックを開放し，調節用空気槽内の**圧縮空気を完全に排出しておきます**。予備空気槽も終業後は同様の処置を行います。空気槽にはコンプレッサーによって製造された圧縮空気が蓄えられますが，コンプレッサーに吸入される空気は，もともと私達のまわりにある"普通の"空気ですので，湿気（水蒸気）が含まれています。この水蒸気は，気体状の水分子として空気中にありますが，圧縮によってその水分子が凝縮されると，液体状となり，空気槽の底に溜まります。空気槽の底部には槽内の汚れやコンプレッサーのシリンダー部からの機械油なども溜まっていますので，これらをそのままにしておくと，空気槽を腐食させたり汚染させることになるので，作業終了後にはドレーンコックを開いて中の圧縮空気を抜くと同時に，ドレーン（水分や油分）を排出するようにします。排出が完了したら，外部からゴミやホコリが入らないように再びドレーンコックを閉じておきます。

《送気式潜水の設備器具②》

---

**【問38】**

送気式潜水に使用する設備又は器具に関し，誤っているものは次のうちどれか。

(1) 始業前に，空気槽にたまった凝結水，機械油などは，ドレーンコックを開放して放出する。

(2) 始業前に，空気槽の逆止弁，安全弁，ストップバルブなどを点検し，空気漏れがないことを確認する。

(3) 潜水前には，予備空気槽の圧力がその日の最高潜水深度の圧力の1.5倍以上となっていることを確認する。

(4) 終業後，調節用空気槽は，ドレーンを排出し，内部に0.1MPa程度の空気を残すようにしておく。

(5) 予備ボンベ（緊急ボンベ）は定期的な耐圧検査が行われたものを使用し，6か月に1回以上点検するようにする。

(令和元年10月公表問題)

---

**【正解】** 誤っているものは，(4)。

終業後は，ドレーンコックを開放し，調節用空気槽内の**圧縮空気を完全に排出しておきます。**予備空気槽も終業後は同様の処置を行います。

空気槽にはコンプレッサーによって製造された圧縮空気が蓄えられますが，コンプレッサーに吸入される空気には水蒸気が含まれています。この水蒸気は圧縮によって凝縮されると，液体状となり，空気槽の底に溜まります。空気槽の底部には槽内の汚れやコンプレッサーのシリンダー部からの機械油なども溜まっていますので，これらをそのままにしておくと，空気槽を腐食させたり汚染させることになりますので，作業終了後にはドレーンコックを開いて中の圧縮空気を抜くと同時に，ドレーン（水分や油分）を排出するようにします。排出が完了したら，外部からゴミやホコリが入らないように再びドレーンコックを閉じておきます。

他の選択肢の解説は下記のとおりです。

(1) 圧縮空気は，製造時の断熱圧縮によって高温の状態となります。温度は

徐々に下がっていきますが，終業時（送気終了時）でもまだ周囲温度より高い状態にあります。終業後にドレーンコックを開き，内部の圧縮空気を排出した場合でも，空気槽内には高温の空気が残ることになります。空気の温度はその後も徐々に下がり，数時間後には周囲温度と同じになりますが，この温度低下により空気中の水蒸気や油分が結露して液体となり，空気槽内に溜まります。そのため，始業時には，ドレーンコックを開放して，これらを排出します。

(2) 始業前には，空気槽の圧力計，ドレーンコック，逆止弁，安全弁，ストップバルブ等を点検して，取付け部のゆるみや空気漏れが無いことを確認します。また，空気槽の吐出口からの配管や継手等の腐食の有無や接続の状態を点検し，送気時に空気漏れが起きないことを確認します。

(3) 水圧より高い圧力でなければ，潜水作業者まで送気することはできません。そのため，高気圧作業安全衛生規則では，予備空気槽に蓄える空気の圧力は，その日の最高の潜水深度における圧力の1.5倍以上としなければならないことが定められています。

(5) 高圧の空気を充塡するボンベには，定期に所定の検査機関で耐圧検査をうけることが高圧ガス保安法で定められています。また，高気圧作業安全衛生規則では，ボンベに異常がないことを6カ月に1回以上点検するよう義務づけています。

《送気式潜水の設備器具③》

【問39】

　送気式潜水に使用する設備又は器具に関し，正しいものは次のうちどれか。

(1)　全面マスク式潜水では，通常，送気ホースは，呼び径が13㎜のものが使われている。

(2)　潜水前には，予備空気槽の圧力がその日の最高潜水深度の圧力の1.5倍以上となっていることを確認する。

(3)　流量計は，コンプレッサーと調節用空気槽の間に取り付けて，潜水作業者に送られる空気量を測る計器である。

(4)　フェルトを使用した空気清浄装置は，潜水作業者に送る圧縮空気に含まれる水分と油分のほか，二酸化炭素と一酸化炭素を除去する。

(5)　潜水業務終了後，調節用空気槽は，内部に0.1MPa（ゲージ圧力）程度の空気を残すようにしておく。

(令和2年4月公表問題)

【正解】　正しいものは，(2)。

　潜水者への送気を開始する際に予備空気槽内に貯えられていなければならない空気の圧力は，送気する最高の圧力ではなく，その日の最大潜水深度に相当する圧力の1.5倍以上としなければならないことが高気圧作業安全衛生規則［第8条（空気槽）］によって定められています。例えば，送気式潜水で，吐出圧力0.7MPaのコンプレッサーを用いて水深10mの潜水作業を行う場合，潜水開始時に予備空気槽内に充填されていなければならない空気の圧力は，0.7MPaではなく，水深10mでの水圧0.1MPa（ゲージ圧力）の1.5倍以上，すなわち0.15MPa以上あればよいことになります。

　他の選択肢の解説は下記のとおりです。

(1)　**全面マスク式潜水で使用される送気ホースには呼び径8㎜のものが使わ**れています。呼び径13㎜のものはヘルメット式潜水用です。ヘルメット式は，全面マスク式潜水に比べ大量の送気を必要とするため，使用する送気ホースの内径も大きなものが必要となります。

(3)　流量計は，**空気清浄装置と送気ホースの間**に取り付けて，潜水者に適量の空気が送気されていることを確認する計器です。ヘルメット式潜水器など圧力調整器（レギュレーター）が装備されていない潜水器を使用する場合には，高気圧作業安全衛生規則によってその設置が義務付けられています。一方，全面マスク式潜水器のように，圧力調整器を用いる場合には，流量計ではなく圧力計の設置が必要となります。

(4)　フェルトを利用した空気清浄装置では，**二酸化炭素や一酸化炭素を除去することはできません**。空気清浄装置の清浄材にはフェルトが用いられていますが，フェルトは繊維を絡み合わせて布状にしたもので，絡み合った繊維の隙間に空気を通すことによって，空気中のゴミや埃をからめとることを目的としたものです。したがって，一酸化炭素のような有毒ガスや二酸化炭素をろ過することはできません。したがって，送気式潜水を行う場合には，コンプレッサーに排気ガス（一酸化炭素等）のような有毒ガスが流入しないように十分注意しなければなりません。

(5)　終業後は，ドレーンコックを開放し，調節用空気槽内の**圧縮空気を完全に排出しておきます**。予備空気槽も終業後は同様の処置を行います。空気槽にはコンプレッサーによって製造された圧縮空気が蓄えられますが，コンプレッサーに吸入される空気は，もともと私達のまわりにある"普通の"空気ですので，湿気（水蒸気）が含まれています。この水蒸気は，気体状の水分子として空気中にありますが，圧縮によってその水分子が凝縮されると，液体状となり，空気槽の底に溜まります。空気槽の底部には槽内の汚れやコンプレッサーのシリンダー部からの機械油なども溜まっているため，これらをそのままにしておくと，空気槽を腐食させたり汚染させることになるので，作業終了後にはドレーンコックを開いて中の圧縮空気を抜くと同時に，ドレーン（水分や油分）を排出するようにします。排出が完了したら，外部からゴミやホコリが入らないように再びドレーンコックを閉じておきます。

《潜降の方法①》

【問40】

　送気式潜水における潜降の方法に関し，誤っているものは次のうちどれか。

(1)　潜降を始めるときは，潜水はしごを利用して，まず，頭部まで水中に沈んでから潜水器の状態を確認する。

(2)　さがり綱（潜降索）により潜降するときは，さがり綱（潜降索）を両足の間に挟み，片手でさがり綱（潜降索）をつかむようにして徐々に潜降する。

(3)　熟練者が潜降するときは，さがり綱（潜降索）を用いず排気弁の調節のみで潜降してよいが，潜降速度は毎分10m程度で行うようにする。

(4)　潮流がある場合には，潮流によってさがり綱（潜降索）から引き離されないように，潮流の方向に背を向けるようにする。

(5)　潮流や波浪によって送気ホースに突発的な力が加わることがあるので，潜降中は，送気ホースを腕に1回転だけ巻きつけておき，突発的な力が直接潜水器に及ばないようにする。

(平成31年4月公表問題)

解説
【問40】

【正解】　誤っているものは，(3)。

　熟練者か否かに関わらず，**潜降及び浮上の際にはさがり綱（潜降索）を用いて行うことが義務付けられています**(高気圧作業安全衛生規則第33条　さがり綱)。

　熟練者であっても，排気弁の調節等による浮力の調整だけで潜降しようとすると，潜水墜落などの事故を引き起こす場合があります。したがって，必ずさがり綱を使用して，毎分10m程度の安全な速度で潜降するようにします。潜降速度に関しては，特に法令等による規制はありませんので，基本的には耳抜きに十分対応できる速度で潜降しますが，より安全に潜降するためには，周囲の状況を十分に観察することができ，急激な圧力変化による潜水墜落等の事故を予防するために，毎分10m程度が適当であるとされています。

　他の選択肢の解説は下記のとおりです。

(1)　海中に入ると同時に潜降を開始すると，万一潜水器や潜水装備品に問題

があった場合には，それらが原因となって事故を引き起こす危険があります。そこで潜水者は，入水後すぐに潜降を開始しようとせず，潜水はしごを利用して頭部が水中に没する程度までいったん潜水し，そこで潜水器や潜水装備品に異常がないことを確認したうえで，潜降を開始するようにします。

(2)　潜降の際には，潜水墜落などの事故を引き起こす場合があるので，必ずさがり綱を使用するようにします。そのときには，さがり綱を両足の間に挟んで，片手でさがり綱をつかむようにして徐々に潜降します。

(4)　強潮流下での潜水作業では，さがり綱を作業現場まで張り，潜水者はそれをつかみながら潜水することが必要です。万一さがり綱から離れてしまった場合には，もとの場所まで自力で戻ることは困難となるため，さがり綱から引き離されないよう潮流方向に背を向ける姿勢をとるようにします。また，ハーネスとフック付き安全索等を利用して，さがり綱に接続しておくことも必要です。

(5)　潮流や波浪などによって突発的な力が送気ホースに加わると，送気ホースに接続している潜水器にも影響が及び，潜水器が所定の位置から外れてしまう危険性があります。このようなことを避けるために，送気ホースを腕に1回転だけ巻きつけておくと安全です。

《潜降の方法②》

【問41】

スクーバ式潜水における潜降の方法などに関し，誤っているものは次のうちどれか。

(1) 船の舷から水面までの高さが1.5mを超えるときは，船の甲板などから足を先にして水中に飛び込まない。

(2) 潜降の際は，口にくわえたレギュレーターのマウスピースに空気を吹き込み，セカンドステージの低圧室とマウスピース内の水を押し出してから，呼吸を開始する。

(3) マスクの中に水が入ってきたときは，深く息を吸い込んでマスクの上端を顔に押し付け，鼻から強く息を吹き出してマスクの下端から水を排出する。

(4) 体調不良などで耳抜きがうまくできないときは，耳栓を使用して耳を保護し，潜水する。

(5) 潜水中の遊泳は，通常は両腕を伸ばして体側につけて行うが，視界のきかないときは腕を前方に伸ばして障害物の有無を確認しながら行う。

(平成29年4月公表問題)

【正解】 誤っているものは，(4)。

　耳栓をして潜降すると耳の圧外傷を生じることがあります。耳の孔とも呼ばれる外耳は，内耳や中耳とは異なり，外界に開放されていますので，潜水によって圧の不均衡が生じることは無く，したがって圧外傷に冒されることもありません。しかし，耳栓によって外耳を塞いでしまうと，圧の不均衡が生じ，耳栓が外耳道に強く押し込まれ，ひどい場合には出血を伴う場合があります。したがって，潜水時の耳栓の使用は絶対に避けなければなりません。

　潜降時に耳抜きが十分に行えず，耳の痛みを感じたときは，さがり綱（潜降索）につかまっていったん停止してから再度耳抜きを行うようにします。それでも耳抜きが十分でない場合には，無理をせず潜水を中止し浮上するようにします。

他の選択肢の解説は下記のとおりです。

(1)　水面までの高さが1.5m以上あるような場合には，ハシゴを用意しそれ
を使って水面に降りるようにします。ハシゴを使わずに飛び込んだりする
と，水面やボンベ等の潜水機材により打撲などを生じる危険がありますし，
着水時の衝撃で潜水装備が外れてしまったり，故障したりする場合もあり
ますので，水面まで高さがある場合にはどんな姿勢からでも飛び込んでは
いけません。

(2)　スクーバで潜降を開始する際には，はじめにセカンドステージ・レギュ
レーターに息を吹き込み，マウスピースやレギュレーター低圧室内の水を
排出してから，呼吸を開始するようにします。マウスピースは水中に露出
していますので容易に海水が侵入します。レギュレーターの低圧室には，
通常浸水することはありませんが，レギュレーターを洗浄する際に誤って
浸水させてしまうこともあります。浸水がある状態でレギュレーターをく
わえ，息を吸い込むと，浸水した水も一緒に吸い込むことになりますが，
万一気管にまで吸い込んでしまうと，徐脈や心停止などを招く場合もあり
ますので，先ず息を吹き込み，レギュレーター内部の浸水を完全に排除す
ることが必要です。

(3)　マスクが顔と合わなかったり，外部からの力でずれたりしてマスクの中
に水が入ってきた場合には，深く息を吸い込んでマスクの上端を顔に押し
付け，鼻から強く息を吹き出してマスクの下端から水を排出するようにし
ます。マスク内に入った水は，下方に溜まりますので，下端から排出する
ことが最も効率的です。

(5)　視界のきかない海域で潜水する場合には，進行方向にある障害物を探知
するために，両腕を前方に伸ばし，周囲を探りながら慎重に遊泳します。

《潜降の方法③》

【問42】

スクーバ式潜水における潜降の方法などに関し，誤っているものは次のうちどれか。

(1) 船の舷から水面までの高さが1〜1.5m程度であれば，片手でマスクを押さえ，足を先にして水中に飛び込んでも支障はない。

(2) ドライスーツを装着して，岸から海に入る場合には，少なくとも肩の高さまで歩いていき，そこでスーツ内の余分な空気を排出する。

(3) BCを装着している場合，インフレーターを肩より上に上げ，排気ボタンを押して潜降を始める。

(4) 潜水中の遊泳は，通常は両腕を伸ばして体側につけて行うが，視界のきかないときは，腕を前方に伸ばして障害物の有無を確認しながら行う。

(5) マスクの中に水が入ってきたときは，深く息を吸い込んでマスクの下端を顔に押し付け，鼻から強く息を吹き出してマスクの上端から水を排出する。

(令和元年10月公表問題)

解説
問42

【正解】 誤っているものは，(5)。

マスクが顔と合わなかったり，外部からの力でずれたりしてマスクの中に水が入ってきた場合には，深く息を吸い込んで**マスクの上端を顔に押し付け，鼻から強く息を吹き出してマスクの下端から水を排出する**ようにします。マスク内に入った水は，下方に溜まりますので，下端から排出することが最も効率的です。

他の選択肢の解説は下記のとおりです。

(1) 水面までの高さが1.5m以上あるような場合には，ハシゴを用意しそれを使って水面に降りるようにします。ハシゴを使わずに飛び込んだりすると，水面やボンベ等の潜水機材により打撲などを生じる危険がありますし，着水時の衝撃で潜水装備が外れてしまったり，故障したりする場合もありますので，水面まで高さがある場合にはどんな姿勢からでも飛び込んではいけません。

(2)　ドライスーツは防水型の潜水服で，内部に空気を蓄えることによって高い保温性を実現しています。同時に潜水服内の空気は，浮力を発生することにもなるので，そのままでは潜降に支障をきたす恐れがあります。そのため，ドライスーツには肩の部分に排気弁が取り付けられており，それによって潜水服内の空気量を減じ，浮力を調整することができます。ドライスーツでは比較的大きなウエイトが使用されますが，ドライスーツ内の空気を減じ，浮力が失われると潜水墜落を起こす危険がありますので，海岸から入水する場合には，足が海底に着き，かつ肩の排気バルブが浸る場所で潜水服内の排気を行うようにします。また，潜水作業船を使用する場合には，さがり綱（潜降索）につかまりながら排気を行います。

(3)　BCを用いる場合，インフレーターを左手で肩より上にあげて，排気ボタンを押すと，BCの空気が抜けて浮力を失い潜降を始めます。インフレーターのボタン操作ミスは，潜水墜落を起こす危険性があるので，慎重かつ落ち着いて行うことが重要です。

(4)　視界のきかない海域で潜水する場合には，進行方向にある障害物を探知するために，両腕を前方に伸ばし，周囲を探りながら慎重に遊泳します。

《浮上の方法①》

【問43】

　スクーバ式潜水における浮上の方法に関し，誤っているものは次のうちどれか。

(1)　BCを装着したスクーバ式潜水で浮上する場合，インフレーターの排気ボタンが押せる状態で顔を上に向け，体の回転を抑えながら真上に浮上する。

(2)　浮上速度の目安として，自分が排気した気泡を見ながら，その気泡を追い越さないような速度で浮上する。

(3)　無停止減圧の範囲内の潜水の場合でも，水深3m前後で，5分間程度，安全のため浮上停止を行うようにする。

(4) 浮上開始の予定時間になったとき又は残圧計の針が警戒領域に入ったときは，浮上を開始する。
(5) リザーブバルブ付きボンベ使用時に，いったん空気が止まったときは，リザーブバルブを引いて給気を再開して浮上を開始する。

(平成30年10月公表問題)

【正解】　誤っているものは，(1)。

スクーバ式潜水で浮上する場合には，**体を回転させながら浮上**するようにします。

BCによる浮力を利用して浮上を行う場合には，浮力調整の際に，空気の排出をスムーズに行うために，インフレーターを左手で肩より上にあげ，いつでもインフレーターの排気ボタンが押せる状態で，周囲に障害物がないことを確かめるために，体を360度回転させながら浮上します。

他の選択肢の解説は下記のとおりです。

(2) 浮上による水圧の変化は，私たちの身体にさまざまな影響を及ぼします。浮上が速すぎ，水圧の変化が極端な場合には，圧外傷や空気塞栓症，減圧症などのリスクが大きなものとなります。そのため，高気圧作業安全衛生規則によっても浮上の速さは毎分10m以下に制限されています（同規則第18条　減圧の速度等　＊第27条を適用）。浮上速度を正確に把握することは容易ではありませんので，自分の排気した気泡を目安とし，その気泡を追い越さないような速度で浮上します。

(3) 潜水では，水深が浅く，短時間であったとしても，身体内に窒素（不活性ガス）が取り込まれます。無減圧潜水では，取り込まれた窒素の量が軽微であるため，減圧停止の必要がないとするものですが，ヒトの身体は様々ですし，日によって体調が異なることも稀ではありません。したがって，安全面から，無減圧潜水であっても水深3m前後で安全停止を行うようにします。浮上の際にはさがり綱（潜降索）を利用しますが，さがり綱には水深の目安として3mごとに印がつけられていますので，それを利用します。

解説［問43］

167

(4) 計画した潜水時間が経過し，浮上開始の予定時間に至った場合には，作業を終了して速やかに浮上を開始します。浮上予定時間に達しない場合でも，残圧計の針が警戒領域に入るか，リザーブバルブ付きボンベからの給気がいったん止まった場合にも，浮上を開始するようにします。浮上の際には，まずバディ潜水者に浮上開始の合図を送り，了解の返信を待ってから浮上を開始します。

(5) 潜水用空気ボンベのバルブに設けられたリザーブバルブ機構とは，あらかじめ設定した圧力までボンベ内の圧力が低下すると一旦空気の供給が停止する機構で，それを手動で解除することによって残りの空気が使用可能となります。これは，潜水中にボンベの空気切れによる事故を未然に防ぐために考案されたもので，リザーブバルブ機構が作動した後は，潜水作業を終了し残った空気を利用して浮上するようにします。しかしながら，残圧計の普及によってボンベ内の圧力を常時管理できるようになったため，現在ではリザーブバルブ機構を備えたバルブの使用は少なくなってきています。


《浮上の方法②》

【問44】

スクーバ式潜水における浮上の方法に関し，誤っているものは次のうちどれか。

(1) 無停止減圧の範囲内の潜水の場合でも，水深3m前後で約5分，安全のため浮上停止を行うようにする。

(2) 水深が浅い場合は，救命胴衣によって速度を調節しながら浮上するようにする。

(3) 浮上開始の予定時間になったとき又は残圧計の針が警戒領域に入ったときは，浮上を開始する。

(4) 自分が排気した気泡を見ながら，その気泡を追い越さないような速度を目安として，浮上する。

(5) バディブリージングは緊急避難の手段であり，多くの危険が伴うので，

実際に行うには十分な訓練が必須であり，完全に技術を習得しておかなければならない。

（令和2年4月公表問題）

【正解】　誤っているものは，(2)。

　水深が浅い場合でも，**浮上の速度調整に救命胴衣を用いることはできません**。

　浮上の際に救命胴衣を用いると，吹き上げのように水面まで急浮上することになり大変危険です。救命胴衣は，漂流等を余儀なくされた場合に，水面に長時間浮かびつづけるための，非常用の装備です。救命胴衣は，浮力の調整を目的としたものではなく，またそのための機能もありませんので，例え水深が浅い場合でも，水中では決して使用してはなりません。

　他の選択肢の解説は下記のとおりです。

(1)　潜水深度が浅く，潜水時間が短い無減圧潜水の場合でも，私たちの身体内には呼吸によって窒素が取り込まれます。無減圧潜水の範囲内で，取り込まれた余剰な窒素がそれほど多くない場合でも，余剰な窒素は減圧症を引き起こす原因となりますので，この窒素を排出するために，水深3m前後で5分間程度の安全停止を行うようにします。浮上の際にはさがり綱（潜降索）を利用しますが，さがり綱には水深の目安として3mごとに印がつけられていますので，それを利用して安全停止を行います。

(3)　計画した潜水時間が経過し，浮上開始の予定時間に至った場合には，作業を終了して速やかに浮上を開始します。浮上予定時間に達しない場合でも，残圧計の針が警戒領域に入ったときには，浮上を開始します。

(4)　浮上の速度が速すぎると，圧外傷や空気塞栓症，減圧症などのリスクが大きなものとなります。そのため，浮上速度は毎分10m以下とするように定められています。この浮上速度を正確に把握することは容易ではありませんので，自分の排気した気泡を目安とし，その気泡を追い越さないような速度で浮上します。

(5) スクーバ式潜水では，潜水者が携行したボンベだけが唯一の給気源です。そのため，何らかの原因で潜水中にボンベからの給気が不能となった場合には，直ちに致命的な状況に陥ってしまいます。このような場合，一緒に潜水しているバディ潜水者から空気の供給を受ける「バディブリージング」以外には呼吸の方法がありません。バディブリージングは緊急避難の手段であり，一人用の潜水器を二人で使用するなど多くの危険が伴いますので，万一の場合に備えて日頃から訓練を行い，完全に技術を習得しておくことが必要です。

## 《減圧理論①》

### 【問45】

生体の組織をいくつかの半飽和組織に分類して不活性ガスの分圧の計算を行うビュールマンのZH-L16モデルに基づく減圧方法に関し，誤っているものは次のうちどれか。

(1) 減圧計算において，半飽和組織のうち一つでも不活性ガス分圧がM値を上回ったら，より深い深度で一定時間浮上停止するものとして再計算を行う。

(2) 混合ガス潜水の場合は，窒素及びヘリウムについて，それぞれのガスの分圧及びM値を求める。

(3) 安全率を考慮し，安全率1.1でより安全な減圧を行う場合の換算M値は，

$$換算M値＝\frac{M値}{1.1}$$

により求める。

(4) 水面に浮上した後，更に繰り返して潜水を行う場合は，水上においても大気圧下での不活性ガス分圧の計算を継続する。

(5) 繰り返し潜水を行う場合は，潜水（滞底）時間を実際の倍にして計算するなど慎重な対応が必要である。

（平成31年4月公表問題，一部改変）

【正解】 誤っているものは，(2)。

　混合ガス潜水の減圧計算で使用するガス分圧およびM値には，**窒素とヘリウムの合算値を使用します。**

　混合ガス潜水における不活性ガス分圧は，窒素とヘリウムの分圧をそれぞれ計算して合計したものを用います。M値も窒素とヘリウムの合算値を利用しますが，その方法は少し複雑です。M値は半飽和組織と深度ごとに異なりますが，M値を深度の以下のような一次関数として近似させることができます。

　　M値 ＝ 定数 × 深度 ＋ 定数

高気圧作業安全衛生規則及び関連告示では以下のように示されています。

$$M = \frac{P_a + P_c}{B} + A$$

ここで，

$P_a$　大気圧として100kPa

$P_c$　圧変化後の環境ゲージ圧力

$B$　　当該半飽和組織の窒素$b$値およびヘリウム$b$値の合成値。次の式によって求められる。

$$B = \frac{b_{N2}P_{N2} + b_{He}P_{He}}{P_{N2} + P_{He}}$$

ここで$b_{N2}$および$b_{He}$は窒素$b$値とヘリウム$b$値である。

$A$　　当該半飽和組織の窒素$a$値およびヘリウム$a$値の合成値。次の式によって求められる。

$$A = \frac{a_{N2}P_{N2} + a_{He}P_{He}}{P_{N2} + P_{He}}$$

ここで$a_{N2}$および$a_{He}$は窒素$a$値とヘリウム$a$値である。

解説【問45】

　なお，上記に示した窒素ならびにヘリウムの*a*値と*b*値は，それぞれ高気圧作業安全衛生規則及び関連告示に表で示されています。

　他の選択肢の解説は下記のとおりです。

⑴　減圧計算では，まず16ある半飽和組織区画ごとに，それぞれの不活性ガス分圧を求めます。次に浮上予定深度でのM値を各組織区画ごとに求め，先に算出した不活性ガス分圧と比較します。不活性ガス分圧がM値より大きい場合には，予定深度に浮上することはできません。不活性ガス分圧は徐々に低下していきますので，M値を下回るまでその深度に留まります。この留まっている時間が，すなわち「減圧時間（または浮上停止時間）」となります。

⑶　安全率によってM値の値を小さくすることで，減圧症に対する安全性の向上が期待できます。M値は"Maximum allowable value"の簡略語で，浮上の際，半飽和組織の不活性ガス分圧がM値を超えている場合には，不活性ガス分圧がM値以下になるまでその深度に留まっていなければなりません。これが「減圧時間」です。M値を小さな値にすれば，減圧停止時間も長くなるため，減圧症に対する安全性は高くなります。M値を小さな値に換算する方法としては，以下のようなものがあります。

$$換算M値 = \frac{M値}{a}$$

　ここで，　$a \geqq 1.0$

　高気圧作業安全衛生規則改正検討会の報告書（平成26年2月）では，$a$の値として1.1を推奨しています。ただし，安全率1.1でM値を換算すると1.1倍安全になるというわけではありません。

⑷　減圧計算は，半飽和組織の不活性ガス分圧とM値によります。これらを用いることにより，浮上時の浮上停止深度と時間が決定されますが，これは不活性ガスが完全に排出されることを保証するものではありません。したがって，減圧が終了して水面に浮上した後でも，体内には余剰な不活性

ガスが残存している場合があります。水上での待機時間中にもこの不活性ガスの排出は続きますので，繰り返し潜水を考える場合には，不活性ガスの残存量を考慮する必要があります。高気圧作業安全衛生規則では，次回の潜水までに14時間以上経過していれば，不活性ガスの残存を考慮しなくてもよいとしています。

(5) 減圧計算は，あくまでも減圧理論に基づいたもので，複雑な人体の機能をすべて網羅しているわけではありません。特に不活性ガスの排出過程には不明な部分が多く，その排出速度は溶解の速度に比べ大幅に遅いと考えられています。実際に米海軍潜水マニュアルでは，2回目以降の潜水については，減圧計算によるものよりも大きな負荷をかけた計算によって導かれています。したがって，繰り返し潜水を行う場合には，潜水（滞底）時間を実際の倍にして計算するなど，さらに安全に配慮した慎重な対応が求められます。

【問45】解説

《減圧理論②》

**【問46】**

　生体の組織をいくつかの半飽和組織に分類して不活性ガスの分圧の計算を行うビュールマンのZH-L16モデルにおける半飽和時間及び半飽和組織に関し，誤っているものは次のうちどれか。

(1)　半飽和時間とは，ある組織に不活性ガスが半飽和するまでにかかる時間のことである。

(2)　生体の組織を，半飽和時間の違いにより16の半飽和組織に分類し，不活性ガスの分圧を計算する。

(3)　半飽和組織は，理論上の概念として考える組織（生体の構成要素）であり，特定の個々の組織を示すものではない。

(4)　不活性ガスの半飽和時間が短い組織は血流が豊富であり，不活性ガスの半飽和時間が長い組織は血流が乏しい。

(5)　全ての半飽和組織の半飽和時間は，ヘリウムより窒素の方が短い。

（令和元年10月公表問題）

**【正解】**　誤っているものは，(5)。

　**半飽和組織における半飽和時間は，窒素よりヘリウムの方が短くなります。**

　16区画に分類された組織は，血流量の違いから不活性ガスの取り込みの速さにも差が生じます。その速さを示すものが半飽和時間です。組織に不活性ガスを十分に取り込んだ状態を「飽和」といいますが，取り込みは指数関数的に行われるため，100％に達するには非常に長い時間がかかります。そこで，50％取り込んだ状態，すなわち半飽和した状態を基準とし，それに至る時間（半飽和時間）で表します。この半飽和時間は不活性ガスによって異なります。窒素では1～16の組織区画に対し5～635分の時間が割り当てられています。ヘリウムは窒素より分子量が小さいため溶解速度が約2.65倍速く，そのため半飽和時間は同じ組織区画でも1.887～239.623分と短くなります。

　他の選択肢の解説は下記のとおりです。

(1)　半飽和時間とは，不活性ガスが組織区画に溶け込むことのできる最大量

（分圧）のちょうど中間（半分）の量（分圧）に達する時間を示しています。溶け込むことのできる最大量に達することを「飽和」といいます。飽和に達するには，非常に長い時間を要するため，そのちょうど中間の量，すなわち「半飽和」に至る時間が「半飽和時間」として指標に用いられています。

⑵　不活性ガスは血流によって運ばれると考えられています。血流は一様ではなく，身体内の各部で異なります。そのような不活性ガスの動態を把握するために，身体をいくつかの組織区画に理論上分類し，その組織区画ごとに不活性ガスの分圧を計算する方法が用いられています。高気圧作業安全衛生規則及び関連告示では，その理論上の分類を16組織区画としています。

⑶　半飽和組織は，減圧計算に用いられる理論的な概念で，「組織」は特定の個々の組織を示すものではなく，生体の構成要素を示しています。呼吸によって取り込まれた不活性ガスは，血液によって全身の組織に運ばれます。このとき，組織の量が血液の量に比べて大きい場合には，その組織全体に不活性ガスがいきわたるのに時間がかかります。逆に，組織の量が小さければ，短時間で組織は不活性ガスで満たされることになります。このように，血流量によって不活性ガスの動きが異なりますので，不活性ガスの分圧は組織ごとに評価しなければなりません。身体内の組織は全てつながっているので，実際には組織ごとに区分して評価することはできませんが，それでは減圧の計算が非常に複雑になってしまうため，不活性ガスの動く速度（半飽和時間で表されます）ごとに組織区画（半飽和組織で表されます）を仮定して計算を行っています。

⑷　不活性ガスの半飽和時間が短い組織は血流が豊富で，不活性ガスの移動が速い組織であり，逆に半飽和時間の長い組織は血流に乏しく，不活性ガスの移動が遅い組織を示しています。減圧理論の基礎となる灌流モデル（ホールデン・モデルともいいます）は，不活性ガスの移動の速さは血流量に従うとしています。ビュールマンのZH－L16モデルも灌流モデルの一つです。

【問46】解説

## 《減圧理論③》

【問47】

　　生体の組織をいくつかの半飽和組織に分類して不活性ガスの分圧の計算を行うビュールマンのZH-L16モデルにおけるM値及び不活性ガス分圧の計算に関し，誤っているものは次のうちどれか。

(1)　M値とは，ある環境圧力に対して身体が許容できる最大の体内不活性ガス分圧をいう。

(2)　M値は，半飽和時間が長い組織ほど小さく，潜水者が潜っている深度が深くなるほど大きい。

(3)　半飽和組織は，理論上の概念として考える組織（生体の構成要素）であり，特定の個々の組織を示すものではない。

(4)　減圧計算において，ある浮上停止深度で，不活性ガス分圧がM値を上回るときは，直前の浮上停止深度での浮上停止時間を増加させて，不活性ガス分圧がM値より小さくなるようにする。

(5)　繰り返し潜水において，作業終了後，次の作業まで水上で休息する時間を十分に設けなかった場合には，次の作業における減圧時間がより短くなる。

（令和２年４月公表問題）

【正解】　誤っているものは，(5)。

　　繰り返し潜水において，次の作業までの水上休息時間が十分でない場合には，**次の潜水作業における減圧時間は長くなります**。潜水後の浮上時には，体内に溶解蓄積した不活性ガスを排出するために，減圧停止を行いますが，これは不活性ガスが完全に排出することを保証するものではなく，減圧症に罹患しないと考えられるギリギリの不活性ガス量（分圧）まで排出しているにすぎません。したがって，減圧が終了して水面に浮上した後でも，体内には余剰な不活性ガスが残存している場合があります。水上での待機時間中にもこの不活性ガスの排出は続きますが，待機時間が十分でない場合には不活性ガスの残存量が大きいため，これを考慮して次回潜水時の減圧時間はより長いものとしなければなりません。

　　他の選択肢の解説は下記のとおりです。

⑴　「M値」とは "maximum allowable value" のことで，日本語で示せば「最大許容値」となりますが，M値と呼ばれることが一般的です。浮上時には，体内の不活性ガス分圧がその深度の飽和圧力よりも大きくなることがあり，それを「過飽和」といいます。過飽和は，減圧症の原因となる不活性ガス気泡形成のきっかけとなります。当初M値は，この不活性ガス気泡が形成されない過飽和分圧とされていましたが，現在ではM値以下の過飽和分圧でも気泡が形成することが明らかになっています。

　　現在のM値は「許容値」というよりも「基準値」の性格が強く，潜水条件や減圧症事例からM値が修正されることがあります。ビュールマン減圧モデルでも，数回M値の修正が行われています。

⑵　M値は過去の経験や実績から得られた近似式によって求められます。高気圧作業安全衛生規則及び関連告示では，この近似式を以下のように定めています。

【問47】解説

$$M値 = \frac{水深の圧力}{定数\,b} + 定数\,a$$

　　定数 a および b は，半飽和組織ごとに与えられています。式からも明らかなように，変数は（水深の圧力）だけですので，深度が深くなるほどM値も大きくなります。また，定数 a は 1 から16の半飽和組織に対して徐々に小さな値となり，定数bはその逆の傾向にありますので，半飽和時間の最も短い第 1 半飽和組織のM値が最も大きな値を取ることになります。グラフは，深度における各半飽和組織のM値を示

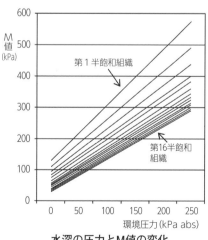

水深の圧力とM値の変化

したものですが，変化の様子が容易に分かります。

(3) 半飽和組織は，減圧計算に用いられる理論的な概念で，「組織」は特定の個々の組織を示すものではなく，生体の構成要素を示しています。

(4) 減圧計算では，まず16ある半飽和組織区画ごとに，それぞれの不活性ガス分圧を求めます。次に浮上予定深度でのM値を各組織区画ごとに求め，先に算出した不活性ガス分圧と比較します。不活性ガス分圧がM値より大きい場合には，予定深度に浮上することはできません。不活性ガス分圧は徐々に低下していきますので，M値を下回るまでその深度に留まります。この留まっている時間が，すなわち「減圧時間（または浮上停止時間）」となります。

## 《肺酸素毒性単位（UPTD）①》

### 【問48】

潜水作業における酸素分圧，肺酸素毒性量単位（UPTD）及び累積肺酸素毒性量単位（CPTD）に関し，誤っているものは(1)～(5)のうちどれか。

なお，UPTDは，所定の加減圧区間ごとに次の式により算出される酸素毒性の量である。

$$UPTD = t \times \left( \frac{PO_2 - 50}{50} \right)^{0.83}$$

$t$：当該区間での経過時間（分）
$PO_2$：上記 $t$ の間の平均酸素分圧（kPa）
（$PO_2 > 50$ の場合に限る。）

(1) 一般に50kPaを超える酸素分圧にばく露されると，肺酸素中毒に冒される。

(2) 1 UPTDは，100kPa（約1気圧）の酸素分圧に1分間ばく露されたときの毒性単位である。

(3) 1日当たりの酸素の許容最大被ばく量は，800UPTDである。

(4) 1週間当たりの酸素の許容最大被ばく量は，2,500CPTDである。

(5) 連日作業する場合は，1日当たりの酸素ばく露量が平均化されるようにする。

（平成29年4月公表問題）

【正解】　誤っているものは，(3)。

　高気圧作業安全衛生規則では1日当たりの酸素の許容最大ばく露量を**600UPTD以下**としています。

<small>〔高気圧作業安全衛生規則第16条（酸素ばく露量の制限），平成26年厚生労働省告示第457号第2条（酸素ばく露量の計算方法）〕</small>

　他の選択肢の解説は下記のとおりです。

(1)　酸素中毒の発症は酸素分圧と時間に依存します。症状が認められる主な臓器は，脳（中枢神経系）と肺で，前者が160kPaを超えるような高い酸素分圧への急性ばく露で短時間に出現するのに対し，後者は50kPaを超える酸素分圧にある程度の時間ばく露された後に発現します。

(2)　酸素中毒によって肺が障害を受けると，肺活量が減少してきます。この肺活量の減少を指標として，高分圧酸素が肺に与える中毒量を数量的に示したものが肺酸素毒性量単位（UPTD）であり，100kPaの酸素分圧に1分間ばく露したときの毒性量を1単位（1UPTD）としています。

(4)　高気圧作業安全衛生規則では，1日あたりの肺酸素毒性量単位（UPTD）を600以下，連日のばく露に対する累積肺酸素毒性量単位（CPTD）を1週あたり2,500以下とするよう定めています。

(5)　連日作業する場合には，連日ばく露による影響も考慮に入れ，各日のばく露量を平均化するとともに，1日当たり400UPTD以下とすることが望ましいとされています。

解説［問48］→［問49］

## 《肺酸素毒性単位（UPTD）②》

【問49】

　潜水作業における酸素分圧，肺酸素毒性量単位（UPTD）及び累積肺酸素毒性量単位（CPTD）に関し，誤っているものは(1)～(5)のうちどれか。

　なお，UPTDは，所定の加減圧区間ごとに次の式により算出される酸素毒性の量である。

$$\text{UPTD} = t \times \left( \frac{PO_2 - 50}{50} \right)^{0.83}$$

$t$：当該区間での経過時間（分）
$PO_2$：上記 $t$ の間の平均酸素分圧（kPa）
　　　（$PO_2 > 50$の場合に限る。）

(1)　一般に，50kPaを超える酸素分圧にばく露されると，肺酸素中毒に冒される。

(2)　1 UPTDは，100kPa（約1気圧）の酸素分圧に 1 分間ばく露されたときの毒性単位である。

(3)　1 日あたりの酸素の許容最大被ばく量は，600UPTDである。

(4)　1 週間当たりの酸素の許容最大被ばく量は，2,500CPTDである。

(5)　酸素分圧は，原則として，180kPa以上となるようにする。

（平成30年10月公表問題）

**【正解】**　誤っているものは，(5)。

　酸素欠乏症に陥ることのないよう，**酸素分圧は原則として18kPa以上**とすることが，高気圧作業安全衛生規則によって規定されています（第15条　ガス分圧の制限）。

　私たちが呼吸する空気は，窒素約78％，酸素約21％，その他のガス約 1 ％で構成されており，この酸素濃度が生命を支えています。そのため，酸素濃度が低くなり，酸素分圧が低下すると様々な症状が現れます。酸素分圧は18kPaが安全限界（人体に悪影響が無い限界）と言われており，それを下回ると筋力の低下や意識喪失を生じ，最悪では死亡する場合もあります。

　他の選択肢の解説は下記のとおりです。

(1)　酸素中毒の発症は酸素分圧と時間に依存します。症状が認められる主な臓器は，脳（中枢神経系）と肺で，前者が160kPaを超えるような高い酸素分圧への急性ばく露で短時間に出現するのに対し，後者は50kPaを超える酸素分圧にある程度の時間ばく露された後に発現します。

(2)　酸素中毒によって肺が障害を受けると，肺活量が減少してきます。この肺活量の減少を指標として，高分圧酸素が肺に与える中毒量を数量的に示

規則によるガス分圧の制限

| ガス分圧 | 範　囲 |
|---|---|
| 酸素分圧 | 18kPa以上160kPa以下<br>（ただし，減圧時は除く） |
| 窒素分圧 | 400kPa以下 |
| ヘリウム分圧 | 制限なし |
| 炭酸ガス分圧 | 0.5kPa以下 |

　したものが肺酸素毒性量単位（UPTD）であり，100kPaの酸素分圧に1分間ばく露したときの中毒量を1単位（1 UPTD）としています。

(3)　肺酸素中毒を生じない1日当たりの酸素ばく露量として高気圧作業安全衛生規則では1日当たり600UPTD以下としています。

[高気圧作業安全衛生規則第16条（酸素ばく露量の制限），平成26年厚生労働省告示第457号第2条（酸素ばく露量の計算方法）]

(4)　高気圧作業安全衛生規則では，1日当たりの肺酸素毒性量単位（UPTD）を600以下，連日のばく露に対する累積肺酸素毒性量単位（CPTD）を1週あたり2,500以下とするよう定めています。

《ヘルメット式潜水器①》

【問50】

　下の図はヘルメット式潜水器のヘルメットをスケッチしたものであるが，図中に　　　又は　　　で示すA～Eの部分に関する次の記述のうち，誤っているものはどれか。

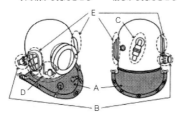

斜め前から見たところ　　　後ろから見たところ

(1) Aの ███ 部分はシコロで，潜水服の襟ゴム部分に取り付け，押え金と蝶ねじで固定する。

(2) Bの〈‥‥〉部分は排気弁で，潜水作業者が自分の頭部を使ってこれを操作して余剰空気や呼気を排出する。

(3) Cの〈‥‥〉部分は送気ホース取付部で，送気された空気が逆流することがないよう，逆止弁が設けられている。

(4) Dの〈‥‥〉部分はドレーンコックで，吹き上げのおそれがある場合など緊急の排気を行うときに使用する。

(5) Eの〈‥‥〉部分は側面窓で，金属製格子などが取り付けられて窓ガラスを保護している。

(平成29年4月公表問題)

**【正解】** 誤っているものは，(4)。

Dの部分はドレーンコックで，吹き上げの場合など緊急の排気に用いるのではなく，**潜水者が唾などをヘルメット外に吐き出したいときなどに使用されます**。使用するときには，まず潜水器内を陽圧にして，唇をドレーンコックに押し付けるようにします。その状態でドレーンコックを開けば，潜水器内の圧力によって唾が外に吐き出されます。

吹き上げなどの緊急時の排気はBの排気弁の操作や潜水服の袖口を広げるなどの方法で行いますが，水面に向けて急激に吹き上げられてしまうと，これらの操作は間に合わないことが多いため，そのような事態に陥ることのないように十分注意しなければなりません。

他の選択肢の解説は下記のとおりです。

(1) Aの部分はシコロです。シコロはヘルメット本体とはめ込み連結構造になっており，使用時には，着用した潜水服の襟ゴム部分にシコロを取り付け，押え金と蝶ねじでしっかりと固定します。

(2) Bの部分は排気弁です。排気弁は「キリップ」とも呼ばれています。ヘルメット式潜水器は定量送気式の潜水器であるため，送気は途切れることなく連続して行われます。したがって，キリップを適宜操作し，余剰な空

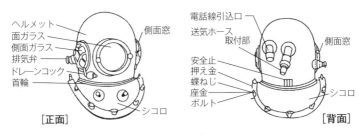

ヘルメット面ガラス
側面ガラス
排気弁
ドレーンコック
首輪
側面窓
[正面]
シコロ

電話線引込口
送気ホース取付部
安全止
押え金
蝶ねじ
座金
ボルト
側面窓
シコロ
[背面]

**ヘルメット式潜水器の構造**

気を排気することによって，浮力の調整や換気を行う必要があります。

(3)　Cの部分は送気ホース取付部です。ここに送気ホースの継手が接続され，ヘルメット内に空気が送気されます。送気ホース取付部には，送気された圧縮空気が逆流することのないように，逆止弁が組み込まれています。

(5)　Eの部分は側面窓です。側面窓には，衝突等によるガラスの破損を防ぐために金属製の格子が取り付けられています。この金属製格子は「潜水器構造規格」によって取り付けることが規定されています。

【問50】解説

## 《ヘルメット式潜水器②》

**【問51】**

ヘルメット式潜水器などに関し，誤っているものは次のうちどれか。

(1) ヘルメットの側面窓には，金属製格子などが取り付けられて窓ガラスを保護している。

(2) ドレーンコックは，潜水作業者が送気中の水分や油分をヘルメットの外へ排出するときに使用する。

(3) ヘルメット式潜水器は，ヘルメット本体とシコロで構成され，使用時には，着用した潜水服の襟ゴム部分にシコロを取り付け，押え金と蝶ねじで固定する。

(4) 腰バルブは，潜水作業者自身が送気ホースからヘルメットに入る空気量の調節を行うときに使用する。

(5) 排気弁は，これを操作して潜水服内の余剰空気や潜水作業者の呼気を排出する。

(令和2年4月公表問題)

**【正解】** 誤っているものは，(2)。

ドレーンコックは，送気中の水分や油分を外部へ排出するときに用いられるのではなく，**潜水者が唾などをヘルメット外に吐き出したいときなどに使用される**もので，正面窓の下部に取りつけられています。なお送気中の油分や水分の除去には，空気清浄装置や予備空気槽を用いて行います。

他の選択肢の解説は下記のとおりです。

(1) ヘルメット式潜水器は，銅製錫引きのヘルメット本体に，正面窓のほか両側面にも窓が設けられています。側面窓には衝突などによるガラスの破損を防ぐために金属製の格子が取り付けられています。この金属製の格子は，労働安全衛生法に基づく「潜水器構造規格」によっても，その取り付けが定められています。

(3) ヘルメット式潜水器は，ヘルメット本体とシコロから構成されています。シコロはヘルメット本体とはめ込み連結構造になっており，潜水服の襟ゴ

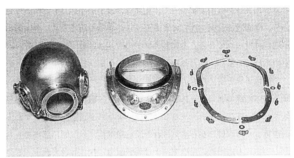

**ヘルメット本体とシコロ，押え金**

ム部分にシコロを取り付け，押え金と蝶ねじでしっかりと固定してから，潜水器本体と連結します。

　潜水服の空気が下半身に大量に流入すると，下半身の浮力が大きくなり，潜水者は逆立ち状態となりやすくなるため大変危険です。それを防ぐためには，腰ベルトをしっかりと締め下半身に過度の空気が流入しないようにします。

［問51］解説

(4)　腰バルブは，送気ホースからヘルメットに入る空気量の調節に用いられるバルブで潜水者が自身で操作します。腰バルブは，同じ送気式潜水方式であっても，全面マスク式潜水にはないヘルメット式潜水特有の装備品です。全面マスク式潜水器には減圧弁が装備されており，給気や排気は呼吸動作によって自動的に行われますが，ヘルメット式潜水器の場合には，空気圧縮機からは常に一定量の送気が行われており，送気量は腰バルブを潜水者自身が操作して調節します。潜水者の腰の位置に装備されることから「腰バルブ」と呼ばれています。

(5)　ヘルメット式潜水器には，潜水者自身が操作する浮力調整用の排気弁が設けられており，キリップとも呼ばれています。潜水者は頭部を使ってキリップの弁を操作し，排気と換気を行います。

《スクーバ式潜水の設備器材①》

**【問52】**

スクーバ式潜水に用いられるボンベ，圧力調整器などに関し，次のうち誤っているものはどれか。

(1) ボンベには，クロムモリブデン鋼などの鋼合金で製造されたスチールボンベと，アルミ合金で製造されたアルミボンベがある。

(2) 残圧計には，圧力調整器の第2段減圧部からボンベの高圧空気がホースを通して送られ，ボンベ内の圧力が表示される。

(3) ボンベには，内容積が4〜18Lのものがあり，一般に19.6MPa（ゲージ圧力）の空気が充填されている。

(4) ボンベは，耐圧，衝撃，気密などの検査が行われ，最高充填圧力などが刻印されている。

(5) 圧力調整器は，始業前に，ボンベから送気した空気の漏れがないか，呼吸がスムーズに行えるか，などについて点検，確認する。

（平成28年4月公表問題）

**【正解】** 誤っているものは，(2)。

　残圧計には圧力調整器の第1段減圧部（ファーストステージ・レギュレーター）からボンベの高圧空気がホースを通して送られ，ボンベ内の圧力が表示されます。

　スクーバ式潜水では，安全のため，潜水中は常にボンベ内の空気残量を把握する必要があります。残圧計は，その空気残量を常時計測，表示する重要な装備品です。残圧計の内部には高い圧力がかかっているので，故障等によって高圧の空気が漏洩した場合には，残圧計のガラス部分が破損する恐れがあります。このとき破損したガラス片が顔面を直撃しないように，残圧計を確認する場合にはゲージの針を斜めに見るようにし，正面から顔を近づけないようにします。

　他の選択肢の解説は下記のとおりです。

(1) スクーバ式潜水に使用する空気ボンベの材質には，高い耐力により高圧

にも耐えられるクロムモリブデン鋼や，ボンベ軽量化のためにアルミ合金鋼が使われています。どちらのボンベも，海中で使用したあとそのまま放置したり，空気を完全に放出させてしまい内部に湿気が入ってしまったりすると腐食が生じ，ボンベの耐圧性能を低下させ大変危険です。そのため，空気ボンベは定期に耐圧検査を実施することが法令で義務付けられています。

(3)　スクーバ式潜水などに用いられる空気ボンベには，容量が4〜18Lまで様々なものがあります。このうち，10〜14Lのものが多く用いられています。容量が4L程度の小型のボンベは，全面マスク式用の緊急ボンベとしても利用されています。圧縮空気の充填圧力はボンベによって異なりますが，一般的には19.6MPaとなっています。

(4)　ボンベは材質によって2種類に分けられ，クロムモリブデン鋼などの鋼合金で製造されたものをスチールボンベと呼び，アルミ合金で製造されたものをアルミボンベと呼んでいます。いずれも高圧ガス保安法に基づいて製造され，外観検査のほか，引っ張り，衝撃，圧壊，耐圧，気密等の検査を経て，その内容のうち耐圧など主なものがボンベ本体に刻印されています。

(5)　潜水時には，まずボンベのバルブにファーストステージ・レギュレーターを取り付けた後，ボンベのバルブを開けて高圧空気をファーストステージ・レギュレーター，中圧ホース，セカンドステージ・レギュレーターに流して，空気漏れなどの異常がないことを確認します。次にセカンドステージ・レギュレーターのマウスピースをくわえて呼吸をし，スムーズに吸排気できることを確かめます。

【問52】解説

《スクーバ式潜水の設備器材②》

【問53】

スクーバ式潜水に関し，誤っているものは次のうちどれか。

(1) 空気専用のボンベは，表面積の2分の1以上がねずみ色で塗色されている。

(2) ボンベ内の空気残量を把握するため取り付ける残圧計には，ボンベの高圧空気が送られる。

(3) ボンベは，終業後十分に水洗いを行い，錆（さび）の発生，キズ，破損などがないかを確認し，内部に空気を残さないようにして保管する。

(4) 圧力調整器は，高圧空気を1MPa（ゲージ圧力）前後に減圧するファーストステージ（第1段減圧部）と，更に潜水深度の圧力まで減圧するセカンドステージ（第2段減圧部）で構成される。

(5) 圧力調整器は，潜水前に，マウスピースをくわえて呼吸し，異常のないことを確認する。

(平成31年4月公表問題)

【正解】 誤っているものは，(3)。

空気ボンベは内部の空気を完全に使いきらないで，**0.5〜1MPa程度の圧力を残しておく**ようにします。これは，湿気や水の侵入を防ぐための措置です。ボンベ内に水や湿気が入ると内部に錆や腐食を生じさせることになり，それが原因となってボンベが爆発することがあるので注意が必要です。

他の選択肢の解説は下記のとおりです。

(1) 潜水用のボンベに限らず，空気を充填する高圧ボンベは，表面の2分の1以上をねずみ色に塗装することが高圧ガス保安法によって定められています。高圧ボンベの塗装色は充填する気体ごとに定められています。空気の場合は先に示したとおりねずみ色ですが，酸素は黒色，炭酸ガスは緑色，水素は赤色で示され，誤用を防止しています。

(2) 残圧計には圧力調整器の第1段減圧部（ファーストステージ・レギュレーター）からボンベの高圧空気がホースを通して送られ，ボンベ内の圧力が表示されます。スクーバ式潜水では，安全のため，潜水中は常にボンベ内

の空気残量を把握する必要があります。残圧計は，その重要な空気残量を常時計測，表示する重要な装備品です。残圧計の内部には高い圧力がかかっているので，故障等によって高圧の空気が漏洩した場合には，残圧計のガラス部分が破損する恐れがあります。このとき破損したガラス片が顔面を直撃しないように，残圧計を確認する場合にはゲージの針を斜めに見るようにし，正面から顔を近づけないようにします。

(4)　スクーバ式潜水では，ボンベからの空気は，圧力調整器(レギュレーター)によって潜水者の呼吸に適した圧力に調整されます。圧力調整器は，2つの減圧部によって構成されています。1つはボンベに取りつけられた第1段減圧部（ファーストステージ・レギュレーター）であり，潜水者は口にくわえた第2段減圧部（セカンドステージ・レギュレーター）から給気を受けます。潜水者がボンベから給気を受ける際には，2段以上の圧力調整器による減圧が必要であることが，高気圧作業安全衛生規則によって定められています（第30条 圧力調整器）。

(5)　潜水前には，空気ボンベに取り付けた圧力調整器のバルブを操作して高圧空気を圧力調整器のファーストステージ，中圧ホース，セカンドステージに流して，空気漏れなどの異常がないことを確認します。次に圧力調整器セカンドステージのマウスピースをくわえて呼吸をし，吸排気に異常がなくスムーズに行えることを確かめます。

## 《スクーバ式潜水の設備器材③》

**【問54】**

　スクーバ式潜水に用いられるボンベ，圧力調整器（レギュレーター）など
に関し，誤っているものは次のうちどれか。

⑴　スクーバ式潜水で用いるボンベは，一般に，内容積４～18Lで，圧力
　　150～200MPa（ゲージ圧力）の高圧空気が充塡されている。

⑵　ボンベは，耐圧，衝撃，気密などの検査が行われ，最高充塡圧力などが
　　刻印されている。

⑶　ボンベへの圧力調整器の取付けは，ファーストステージ（第１段減圧部）
　　のヨークをボンベのバルブ上部にはめ込んで，ヨークスクリューで固定す
　　る。

⑷　スクーバ式潜水で用いる残圧計は，内部には高圧がかかっているので，
　　表示部の針は顔を近づけないで斜めに見るようにする。

⑸　スクーバ式潜水で用いるボンベは，材質によってスチールボンベとアル
　　ミボンベがある。

（平成31年４月公表問題）

**【正解】**　誤っているものは，⑴。

　**スクーバ式潜水に用いるボンベには通常200気圧（19.6MPa）の高圧空気
が充塡されています。**

　潜水に用いられる空気ボンベには内容積が４～18Lまで様々なものがあり
ます。このうち，スクーバ式潜水では10～14Lのものが多く用いられており，
容量が４Lの小型ボンベは，緊急ボンベとして全面マスク式潜水で利用され
ています。高圧空気の充塡圧力は，以前は150気圧が用いられていましたが，
現在では200気圧（19.6MPa）が一般的となっています。一部特殊な例では
充塡圧力300気圧（29.4MPa）のボンベも利用されています。

　なお，潜水には様々な圧力単位が用いられますが，概ね以下の通りです。

　　　１気圧（atm）＝1.033kg／cm²＝101.3kPa＝0.1013MPa

　圧力200MPaは2,000気圧に相当するとてつもなく大きな圧力であり，このような高い圧力を充塡できるスクーバ潜水用ボンベはありません。

　他の選択肢の解説は下記のとおりです。

(2)　圧力が1MPa以上となる圧縮空気は高圧ガス保安法による規制の対象となります。高圧ガス保安法は，高圧ガスによる災害を防止することを目的としています。スクーバ潜水に使用するボンベも高圧ガス保安法に基づいて製造を行い，外観検査のほか，引っ張り，衝撃，圧壊，耐圧，気密等の検査を経て，その内容のうち耐圧など主なものをボンベ本体に刻印することが義務付けられています。

(3)　スクーバ式潜水で用いられる圧力調整器（レギュレーター）は，ボンベと連結するためのヨークとその締め付け用のヨークスクリュー，ファーストステージ・レギュレーター（第1段減圧部），中圧ホース及びセカンドステージ・レギュレーター（第2段減圧部）から構成されています。使用する際には，まずファーストステージ・レギュレーターのヨークをボンベのバルブにはめ込み，ヨークスクリューでバルブに固定します。確実に固定されたことを確認した後，ボンベのバルブを開けると，ボンベ内の高圧空気が2段に減圧され，潜水者に供給されます。

(4)　スクーバ式潜水に用いる空気ボンベの空気残量は残圧計によって確認することができます。残圧計には，ファーストステージ・レギュレーターからボンベの高圧空気が高圧ホースを通して送られているため，残圧計が故障し，高圧空気が漏れたような場合には，その圧力で残圧計のガラス部分が破損する恐れがあります。このとき破損したガラス片で顔面を怪我しない，残圧計を確認する場合にはゲージの針を斜めに見るようにし，正面から顔を近づけないようにします。

(5)　ボンベは材質によって2種類に分けられ，クロムモリブデン鋼などの鋼合金で製造されたものをスチールボンベと呼び，アルミ合金で製造されたものをアルミボンベと呼んでいます。現在はスチールボンベが多く利用されています。

《全面マスク式潜水の設備器材》

**【問55】**

全面マスク式潜水器に関し，誤っているものは次のうちどれか。

(1) 全面マスク式潜水器では，ヘルメット式潜水器に比べて多くの送気量が必要となる。

(2) 混合ガス潜水に使われる全面マスク式潜水器には，バンドマスクタイプとヘルメットタイプがある。

(3) 全面マスク式潜水器には，全面マスクにスクーバ用のセカンドステージレギュレーターを取り付ける簡易なタイプがある。

(4) 全面マスク式潜水器では，水中電話機のマイクロホンは口鼻マスク部に取り付けられ，イヤホンは耳の後ろ付近にストラップを利用して固定される。

(5) 全面マスク式潜水器は送気式潜水器であるが，小型のボンベを携行して潜水することがある。

(令和元年10月公表問題)

**【正解】** 誤っているものは，(1)。

**全面マスク式潜水器では，ヘルメット式潜水器に比べ必要な送気量は少なくなります。**ヘルメット式潜水器は，ヘルメット内を常に新鮮な空気で換気する必要があるため，実際に呼吸で消費される量よりもはるかに多い送気が必要となります。一方全面マスク式潜水器には，応需送気式潜水器（デマンドレギュレーター）が使用されています。この潜水器では，送気量は実際の呼吸に使われる空気量だけですので，ヘルメット式に比べ大幅に少ないものとなります。

他の選択肢の解説は下記のとおりです。

(2) 全面マスク式潜水器はその名が示すように，顔全面を覆う構造となっていますが，その発展型として，フードと一体になったバンドマスクタイプやヘルメット型となったヘルメットタイプがあります。ヘルメット型といっても，もちろん古くからあるヘルメット式潜水器とは全く別種のもの

で，区別するためにハードハット型と呼ばれることもあります。これらの潜水器は，特に混合ガスによる大深度潜水で用いられます。

(3)　全面マスク式潜水器には様々な種類のものがあります。全面マスクに専用の呼吸器が組み込まれたものが一般的ですが，全面マスクにスクーバ用のセカンドステージ・レギュレーターを取り付ける簡易なタイプが利用されることもあります。

(4)　全面マスク式潜水器は，口鼻マスクを介して呼吸します。スクーバ式やフーカー式潜水のように，呼吸のためにマウスピースをくわえる必要がありません。そのため，通常と同じように口を動作させて通話することが可能です。明瞭な通話を可能とするために，水中電話機用のマイクロホンは，この口鼻マスクに取り付けられています。水中イヤホンは，使用時には耳の後ろ付近にストラップを利用して固定されます。陸上では，通常イヤホンは耳の中に挿入して使用しますが，潜水では水圧の影響を受けるため，耳の中に挿入して使用することができません。そこで，頭蓋骨による骨伝導を利用したイヤホンが多く利用されています。

(5)　全面マスク式潜水器は，送気式潜水器ですので呼吸源として空気ボンベを携行する必要はありません。ただし，潜水中に空気圧縮機が故障したり，障害物等によって送気ホースが断裂してしまったような場合には，船上からの送気が絶たれてしまいますので，そのような場合に備え，緊急避難用の呼吸源として小型のボンベを携行することがあります。なお規則では，潜水者が基準を満たす緊急用ボンベを携行する場合には，予備空気槽は設置しなくても良いとされています。

## 《スクーバ式潜水及び全面マスク式潜水の設備器材》

**【問56】**

　スクーバ式潜水及び全面マスク式潜水に用いられるボンベ，圧力調整器（レギュレーター）などに関し，誤っているものは次のうちどれか。

(1)　ボンベに空気を充填するときは，一酸化炭素や油分が混入しないようにし，また，湿気を含んだ空気は充填しないようにする。

(2)　全面マスク式潜水で用いる圧力調整器は，高圧空気を10MPa（ゲージ圧力）前後に減圧するファーストステージ（第１段減圧部）と，更に潜水深度の圧力まで減圧するセカンドステージ（第２段減圧部）から構成される。

(3)　スクーバ式潜水で用いるボンベは，一般に，内容積4〜18Lで，圧力19.6MPa（ゲージ圧力）の高圧空気が充填されている。

(4)　スクーバ式潜水で用いる圧力調整器は，潜水前に，マウスピースをくわえて呼吸し，異常のないことを確認する。

(5)　全面マスク式潜水器のマスク内には，口と鼻を覆う口鼻マスクが取り付けられており，潜水作業者はこの口鼻マスクを介して給気を受ける。

（令和元年10月公表問題）

**【正解】**　誤っているものは，(2)。

　全面マスク式潜水の圧力調整器は，ファーストステージ（第１段減圧部）とセカンドステージ（第２段減圧部）から構成されており，ファーストステージでは，**高圧空気を環境圧力＋１MPa前後にまで減圧します。**

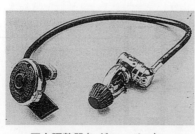

**圧力調整器（レギュレーター）**

　高気圧作業安全衛生規則では，「圧力1MPa以上の気体を充填したボンベからの給気を受けるときは，２段以上の減圧方式による圧力調整器を使用しなければならない」と規定しています［第30条（圧力調整器）］。

　そのため，高圧空気が充填されたボ

ンベを使用するスクーバでは，その高圧空気を環境圧力＋１MPa前後にま
で減圧するファーストステージ（第１段減圧部）と第１段で減圧された空気
をさらに潜水深度の圧力まで減圧するセカンドステージ（第２段減圧部）と
によって構成される２段階減圧方式の圧力調整器が使用されます。

　他の選択肢の解説は下記のとおりです。

⑴　ボンベに空気を充填する際には，充填する空気にコンプレッサーの排気
　による一酸化炭素や油分が混入しないよう十分に注意します。また，湿気
　を含んだ空気を充填すると，ボンベ内面に錆びが発生して耐圧性能に影響
　を与えるため，これに対しても配慮が必要です。

⑶　スクーバ式潜水で用いる空気ボンベには，容量が４〜18Lまで様々なも
　のがありますが，圧縮空気の充填圧力は通常19.6MPaです。スクーバ式潜
　水では，容量10〜14Lのボンベが多く用いられています。容量が４Lの小
　型ボンベは，全面マスク式潜水の際に緊急ボンベとして利用されています。

⑷　スクーバ式潜水を行う際には，まずボンベのバルブに圧力調整器の
　ファーストステージを取り付け，ボンベのバルブを開いて高圧空気を
　ファーストステージ，中圧ホース，圧力調整器セカンドステージに流して，
　空気漏れなどの異常がないことを確認します。次にセカンドステージのマ
　ウスピースをくわえて呼吸をし，スムーズに吸排気できることを確かめま
　す。

⑸　全面マスク式潜水器には，内部に口と鼻を覆う口鼻マスクが取り付けら
　れており，潜水者はこの口鼻マスクを介して潜水呼吸器からの給気を受け
　ることになります。口鼻マスクは呼吸死腔の低減を目的としたもので，吸
　気によって口鼻マスク内が陰圧になるとデマンド式レギュレーターが作動
　して，給気が行われます。また呼気もマスク内に拡散することなく口鼻マ
　スク内に留まるため，給気による換気が容易となり，二酸化炭素の蓄積を
　防ぐことができます。

## 《潜水装備全般①》

【問57】

　潜水業務に必要な器具に関し，誤っているものは次のうちどれか。

(1)　水深計は，２本の指針のうち１本は現在の水深を，他の１本は潜水中の最大深度を表示するものを使用することが望ましい。

(2)　潜降索（さがり綱）は，丈夫で耐候性のある素材で作られたロープで，１〜２cm程度の太さのものとし，水深を示す目印として３mごとにマークを付ける。

(3)　全面マスク式潜水で使用するウエットスーツは，ブーツと一体となっており，潜水靴を必要としない。

(4)　スクーバ式潜水でボンベを固定するハーネスは，バックパック，ナイロンベルト及びベルトバックルで構成される。

(5)　水中ナイフは，漁網が絡みつき，身体が拘束されてしまった場合などに脱出のために必要である。

（平成30年４月公表問題）

【正解】　誤っているものは，(3)。

　全面マスク式潜水で使用する潜水服でブーツが一体となっているものは**ドライスーツ**です。ドライスーツはワンピース型形状で，首部・手首部が伸縮性に富んだゴム材料で作られ，使用されるファスナー類も防水構造のものが用いられており，完全水密構造となっています。スーツ内へ浸水することがないため，ウエットスーツに比べ，数倍の保温力があり，低水温環境でも長時間の潜水を行うことが可能です。

　他の選択肢の解説は下記のとおりです。

(1)　潜水者は，業務の種類や内容によっては水中を上下に移動しなければならない場合があります。作業を終了して浮上する際には，その潜水における最大潜水深度に基づいて浮上方法を決定しなければなりませんが，頻繁な上下移動を要求される潜水業務では，最大潜水深度が何mであったのかあやふやになってしまう可能性があります。そこで，潜水業務に使用する

水深計には，指針が２本あり，現在の潜水深度と最大潜水深度を指示する方式のものが便利です。

(2)　さがり綱（潜降索）は，潜降，浮上の際のガイドロープとして用いるもので，潜水者がつかみやすいように直径１～２cm程度とし，丈夫で滑りにくい素材のものを使用します。さがり綱の先端には３～５kg位の錘をつけ，海底に達するように十分な長さのものを用意します。また，浮上時の減圧停止深度の目安となるように，水面から３mごとに布や木片などでマーク（目印）を付けるようにします。

(4)　スクーバ式潜水で用いられるハーネスは，ボンベを背中に固定するための装具で，ボンベ固定用のプラスチック製の板（バックパック），ナイロンベルト，ベルトバックルで構成されています。

(5)　潜水中，潜水器にロープや漁網などが絡みつき，拘束されてしまった場合には，水中ナイフを使用して絡みつきから脱出します。水中ナイフは高気圧作業安全衛生規則で携行することが義務付けられています。水中ナイフは，常に切れ味を良くしておき，錆びないよう鞘に納め，万一の場合にはすぐに手の届くところに携帯します。

解説
問57

## 《潜水装備全般②》

**【問58】**

潜水業務に使用する器具に関し、正しいものは次のうちどれか。

(1) BCは、これに備えられた液化炭酸ガスボンベから入れるガスにより、10 ～ 20kgの浮力が得られる。

(2) 救命胴衣は、引金を引くと圧力調整器の第1段減圧部から高圧空気が出て、膨張するようになっている。

(3) スクーバ式潜水で使用するウエットスーツには、レギュレーターから空気を入れる給気弁とスーツ内の余剰空気を排出する排気弁が付いている。

(4) 水中時計には、現在時刻や潜水経過時間を表示するだけでなく、潜水深度の時間的経過の記録が可能なものもある。

(5) ヘルメット式潜水の場合、ヘルメット及び潜水服に重量があるので、潜水靴は、できるだけ軽量のものを使用する。

(平成30年10月公表問題)

**【正解】** 正しいものは、(4)。

水中時計は、水中で時刻を知るために携行が義務付けられている潜水用具の一つですが、近年では、潜水時計の内部に小型の圧力計とメモリーを設置し、時計の持つ時刻機能を利用して潜水中の圧力変化、すなわち水深の変化を記録することができるものが市販されています。自分の行った潜水の様子を記録しておくことは、潜水による障害予防などの安全管理に有用です。

他の選択肢の解説は下記のとおりです。

(1) BCは、**空気ボンベに取りつけた圧力調整器（ファーストステージ・レギュレーター）を介して空気を供給**して、BC内の空気袋を膨張させることにより浮力を発生します。空気袋内の空気量を調整することが可能なため、浮力の増減を任意に行うことがでます。これは非常に便利な機能ですが、浮力調整を誤ると、吹き上げや潜水墜落を起こすことになりますので、その調整は慎重に行わなければなりません。

(2) 救命胴衣は引き金を引くことによって**炭酸ガスまたは空気の小型高圧ボ**

ンベから**高圧ガスが放出されて膨張**します。潜水業務をスクーバ式潜水で行う場合には，救命胴衣を着用することが義務付けられています（高気圧作業安全衛生規則第37条　潜水作業者の携行物等）。

　救命胴衣には専用の炭酸ガスまたは空気のボンベが装備されており，緊急時には引き金を引くことによって，ボンベからガスが放出して救命胴衣を膨張させ，水面に浮かぶための浮力を得ることができます。

(3)　スクーバ式潜水で使用する**ドライスーツ**には，レギュレーターから空気を入れるための給気弁及びドライスーツ内の余剰空気を逃がす排気弁が取り付けられています。潜水中の体温損失を防止するために，身体全体を覆う潜水服としてウエットスーツもしくはドライスーツが用いられます。ドライスーツは，ウエットスーツに比べ数倍の保温力があり，寒冷な環境でも長時間の潜水を行うことが可能です。

(5)　ヘルメット式潜水で使用する**潜水靴には，重量のあるものを用います。**ヘルメット式潜水器を安全に使用するためには，水中での姿勢の安定と下半身のバランス確保が必要です。そのために，潜水靴には重量のあるものを使用します。潜水靴の靴底には鋳鉄や鉛が，またつま先には真鍮製の金具が取り付けられており，重量は一足で約10kgにもなります。重さで潜水靴が脱げてしまわないように，皮革またはゴム製の板で足を包み込み，ロープ状の頑丈な靴ひもによって足に縛り付けるようにして装着します。

【問58】解説

## 《潜水装備全般③》

> **【問59】**
>
> 　潜水業務に使用する器具に関し，誤っているものは次のうちどれか。
> (1)　救命胴衣は，引金を引くと圧力調整器のファーストステージ（第1段減
> 　　圧部）から高圧空気が出て，膨張するようになっている。
> (2)　ドライスーツは，首部・手首部が伸縮性に富んだゴム材で作られた防水
> 　　シール構造となっており，また，ブーツが一体となっている。
> (3)　スクーバ式潜水用ドライスーツには，レギュレーターのファーストス
> 　　テージから空気を入れることができる給気弁及びドライスーツ内の余剰
> 　　空気を逃がす排気弁が取り付けられている。
> (4)　ヘルメット式潜水の場合，潜水靴は，姿勢を安定させるため，重量のあ
> 　　るものを使用する。
> (5)　さがり綱（潜降索）は，丈夫で耐候性のある素材で作られたロープで，
> 　　太さ1〜2cm程度のものを使用する。
>
> 　　　　　　　　　　　　　　　　　　　　（平成31年4月公表問題）

**【正解】**　誤っているものは，(1)。

　救命胴衣は引き金を引くことによって**炭酸ガスまたは空気の小型高圧ボン
べから高圧ガスが放出されて膨張**します。

　潜水業務をスクーバ式潜水で行う場合には，救命胴衣を着用することが義
務付けられています（高気圧作業安全衛生規則第37条　潜水作業者の携行物
等）。救命胴衣には専用の炭酸ガスまたは空気のボンベが装備されており，
緊急時には引き金を引くことによって，ボンベからガスが放出して救命胴衣
を膨張させ，水面に浮かぶための浮力を得ることができます。

　他の選択肢の解説は下記のとおりです。

(2)　ドライスーツは防水型の潜水服で，内部に空気を蓄えることによって高
　　い保温性を実現しています。ドライスーツは，防水性能を高めるため，ブー
　　ツの部分まで一体となったワンピース構造となっています。また，首部・
　　手首部は伸縮性に富んだゴム材で作られ，使用されるファスナー類も防水

性能のあるものが用いられ，完全水密構造となっています。

(3)　スクーバ式潜水で使用するドライスーツには，レギュレーターから空気を入れるための給気弁及びドライスーツ内の余剰空気を逃がす排気弁が取り付けられています。潜水中の体温損失を防止するために，身体全体を覆う潜水服としてウエットスーツもしくはドライスーツが用いられます。ドライスーツは，ウエットスーツに比べ数倍の保温力があり，寒冷な環境でも長時間の潜水を行うことが可能です。

(4)　ヘルメット式潜水では，水中での姿勢の安定と下半身のバランス確保のために，潜水靴には重量のあるものを使用します。潜水靴の靴底には鋳鉄や鉛が，またつま先には真鍮製の金具が取り付けられており，重量は一足で約10kgにもなります。重さで潜水靴が脱げてしまわないように，皮革またはゴム製の板で足を包み込み，ロープ状の頑丈な靴ひもによって足に縛り付けるようにして装着します。

(5)　さがり綱（潜降索）は，潜降，浮上の際のガイドロープとして用いるもので，潜水者が摑みやすいように直径1〜2cm程度とし，丈夫で滑りにくい素材のものを使用します。さがり綱の先端には3〜5kg位の錘をつけ，海底に達するように十分な長さのものを用意します。また，浮上時の減圧停止深度の目安となるように，水面から3mごとに布や木片などでマーク（目印）を付けるようにします。

【問59】解説

## 《潜水装備全般④》

**【問60】**

　潜水業務に必要な器具に関し，誤っているものは次のうちどれか。

(1) スクーバ式潜水で使用する足ヒレで，爪先だけ差し込み，踵をストラップで固定するものをフルフィットタイプという。

(2) スクーバ式潜水で使用するドライスーツには，空気を入れる給気弁及び余剰空気を逃がす排気弁が設けられている。

(3) 救命胴衣は，液化炭酸ガス又は空気のボンベを備え，引金を引くと救命胴衣が膨張するようになっている。

(4) ヘルメット式潜水の場合は，潜水靴は，姿勢を安定させるため，重量のあるものを使用する。

(5) 水中時計には，現在時刻や潜水経過時間を表示するだけでなく，潜水深度の時間経過の記録が可能なものもある。

（令和元年10月公表問題）

**【正解】** 誤っているものは，(1)。

　足ヒレのうち，爪先だけ差し差し込み，踵をストラップで固定するものは**オープンヒルタイプ**といいます。

　スクーバ式潜水では，水中移動時の推進力を得るために，また体のバランスを取るために足ヒレ（フィン）を使用します。足ヒレはブーツの上に履くようにして装着しますが，ブーツを履いたままはめ込む方式のフルフィットタイプと爪先だけを差し込み踵をストラップで固定するオープンヒルタイプの２種類があります。足ヒレの選定に際しては，潜水者に適し，かつ，長時間使用しても疲れないことが重要です。

　他の選択肢の解説は下記のとおりです。

(2) ドライスーツは防水型の潜水服で，内部に空気を蓄えることによって高い保温性を実現しています。同時に潜水服内の空気は，浮力を発生することにもなるので，そのままでは潜降に支障をきたすおそれがあります。そのため，ドライスーツには空気を入れる吸気弁の他，ドライスーツ内の空

気量を減じ，浮力を調整するための排気弁が設けられています。

(3) 救命胴衣には専用の液化炭酸ガスまたは空気の小型ボンベが装備されており，緊急時には引き金を引くことによって，ボンベからガスが放出して救命胴衣を膨張させ，水面に浮かぶための浮力を得ることができます。

(4) ヘルメット式潜水は，潜水器の構造上，水中で姿勢を崩して逆立ち状態になると，吹き上げ事故に陥ってしまうため，姿勢の安定は非常に重要です。姿勢の安定と下半身のバランスを確保するために，重量のある潜水靴を着用します。重量は一足で約10kgにもなります。

(5) 水中時計は，水中で時刻を知るために携行が義務付けられている潜水用具の一つですが（水中電話を使用する場合を除く），近年では，潜水時計の内部に小型の圧力計とメモリーを設置し，時計の持つ時刻機能を利用して潜水中の圧力変化，すなわち水深の変化を記録することができるものが市販されています。自分の行った潜水の様子を記録しておくことは，潜水による障害予防などの安全管理に有用です。

【問60】解説

# 3. 高気圧障害

## 《呼吸器系①》

**【問61】**

　肺換気機能に関する次の文中の　　　　内に入れるAからCの語句の組合せとして，正しいものは(1)～(5)のうちどれか。

「肺呼吸は，肺胞内の　A　が肺胞を取り巻く毛細血管内へ入り込み，一方，　B　がこの毛細血管内から肺胞内へ出ていくガス交換であり，肺でのガス交換に関与しない気道やマスクの部分を　C　という。」

| | A | B | C |
|---|---|---|---|
| (1) | 酸　素 | 二酸化炭素 | 気　胸 |
| (2) | 酸　素 | 二酸化炭素 | 空気塞栓 |
| (3) | 酸　素 | 二酸化炭素 | 死　腔 |
| (4) | 二酸化炭素 | 酸　素 | 空気塞栓 |
| (5) | 二酸化炭素 | 酸　素 | 死　腔 |

（平成30年10月公表問題）

問61 解説

**【正解】**　正しいものは，(3)。

　肺呼吸は，肺胞内の ［A：酸素］ が肺胞を取り巻く毛細血管内へ入り込み，一方，［B：二酸化炭素］ は，この逆方向で行われるガス交換ですが，肺胞でのガス交換に関与しない気道やマスクの部分を ［C：死腔］ といいます。

　私たちは呼吸によって空気中の酸素を取り入れ，二酸化炭素を排出しています。鼻や口から吸い込まれた空気は，気管，気管支，細気管支，呼吸細気管支を経て肺胞に至ります。肺胞内の空気は，薄い肺胞上皮を間にして血管と接しており，酸素と二酸化炭素のやり取りを頻繁に行っています。これを「ガス交換」といいます。肺胞内の空気中の酸素は，血液内に拡散し，逆に，

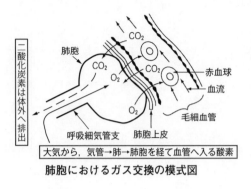

二酸化炭素は体外へ排出

肺胞
$CO_2$
$O_2$
$CO_2$
$CO_2$
$O_2$
$O_2$
赤血球
血流
毛細血管
呼吸細気管支
肺胞上皮

大気から，気管→肺→肺胞を経て血管へ入る酸素

**肺胞におけるガス交換の模式図**

血液が全身から運んできた二酸化炭素は肺胞内の空気中に拡散されます。このため，肺胞内の空気は酸素が減り，二酸化炭素が増えることになりますが，私たちは常に呼吸をして肺胞内の空気を入れ替えているため，呼吸をしている限り，酸素の豊富な空気が供給され，二酸化炭素が呼気として吐き出されるわけです。

　実際にガス交換に関与する場所は肺胞と肺胞手前の呼吸細気管支に限られ，そこから口までの部分，すなわち気管支や気管，気道などはガスの交換には直接は関与していません。このようなガス交換には関与しない空間を死腔といいます。浅く速い呼吸ではこの死腔内をガスが往復するだけとなり，ガス交換の効率は著しく低下します。また，潜水器を装着すると，どのような機材であっても，死腔は増加することになります。

《呼吸器系②》

【問62】

　肺換気機能に関し，誤っているものは次のうちどれか。
(1)　肺呼吸は，空気中の酸素を取り入れ，血液中の二酸化炭素を排出するガス交換である。
(2)　ガス交換は，肺胞及び呼吸細気管支で行われ，そこから口側の空間は，ガス交換には直接は関与していない。
(3)　ガス交換に関与しない空間を死腔というが，潜水呼吸器を装着すれば死腔は増加する。
(4)　死腔が小さいほど，酸素不足，二酸化炭素蓄積が起こりやすい。

(5)　潜水中では，呼吸ガスの密度が高くなり呼吸抵抗が増すので，呼吸運動によって気道内を移動できる呼吸ガスの量は深度が増すに従って減少する。

（平成31年4月公表問題）

【正解】　誤っているものは，(4)。

**酸素不足や二酸化炭素蓄積は，死腔が大きいほど生じやすくなります。**私たちが息を吸い込むと，空気は鼻や口から吸い込まれ，気管，気管支，細気管支，呼吸細気管支を経て最終的に肺胞に到達します。ガス交換は，呼吸細気管支と肺胞で行われます。言い換えれば，鼻や口から細気管支までの経路は，単なる空気の通り道でしかありません。このガス交換に直接関与しない部分を特に「死腔」といいます。死腔が大きいほどガス交換の効率は低くなるため，酸素不足や二酸化炭素蓄積を起こしやすくなります。

他の選択肢の解説は下記のとおりです。

(1)　私たちの身体は，およそ60兆から80兆個もの細胞によって構成されています。これらの細胞が活動するためには栄養素を燃やして（代謝して）エネルギーをつくらなければならず，そのためには酸素が必要となります。また代謝によって生じる二酸化炭素は身体にとって有害なため，排出しなければなりません。この「酸素を取り入れ二酸化炭素を排出する」という一連のガス交換作用が「呼吸」です。呼吸には，肺のなかで取り入れた空気中の酸素と血液中の二酸化炭素のガス交換を行う「肺呼吸」と，細胞と毛細血管中の血液との間でガス交換を行う「組織呼吸」の2

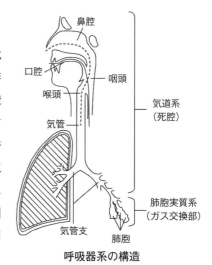

呼吸器系の構造

種類がありますが，一般的に呼吸といえば肺呼吸を指します。

(2)　ガス交換は呼吸器の全てで行われるわけではなく，呼吸経路の最終端部分である呼吸細気管支と肺胞に限られています。これら以外の呼吸器である鼻や口，気管，気管支，細気管支などは，単なる空気の通り道であり，ガス交換に関与しないことから「死腔」と呼ばれています。

(3)　呼吸器のうち，酸素を取り込んで二酸化炭素を排出するというガス交換に関与しない気管や気管支などの部分を死腔と呼びます。潜水呼吸器の空気回路（空気の供給経路）も空気の通り道でしかありませんので，気管や気管支などと同様に死腔と見なすことができます。したがって，どんなに優れた潜水呼吸器であっても，それを装着して呼吸を行えば，死腔は増加することになります。

(5)　潜水者が呼吸する空気の圧力は，その潜水深度での絶対圧力にほぼ等しいため，空気の密度も水面より大きなものとなります。たとえば，水深10m（2絶対気圧）では，水面の2倍，水深30m（4絶対気圧）では水面の4倍も密度の大きな空気を呼吸することになります。空気密度増加は，空気が気道を通過する際の抵抗（呼吸抵抗）を増大させ，肺の換気能力を低下させます。すなわち，空気が『重く』なるため，呼吸運動によって気道内を移動できる呼吸ガス量は減少することになります。このような状態で肺に十分な量の空気を取り込むためには，意識して呼吸動作を行わなければならず，また，肺の換気量の減少を補うために，激しい呼吸が必要となります。

《呼吸器系③》

---

**【問63】**

　肺の換気機能と潜水による肺の障害に関し，誤っているものは次のうちどれか。

(1)　肺の中で行われる，空気と血液の間での酸素と二酸化炭素の交換は，肺胞及び呼吸細気管支でのみ行われている。

(2)　肺の表面と胸郭内側の面は，胸膜で覆われており，両者間の空間を胸膜腔という。

(3)　肺は，筋肉活動による胸郭の拡張に伴って膨らむ。

(4)　胸膜腔は，通常，密閉状態になっているが，胸膜腔に気体が侵入し，気胸を生じると，胸郭が広がっても肺が膨らまなくなる。

(5)　潜水によって生じる肺の過膨張は，潜降時に起こりやすい。

（令和2年4月公表問題）

---

**【正解】**　誤っているものは，(5)。

　潜水によって生じる肺の過膨張は，潜降時ではなく，**浮上時に生じます**。呼吸運動からも明らかなように，肺はある程度膨らんだり縮んだりすることができますが，その範囲は無制限ではありません。例えば潜水して，水深10m（2絶対気圧）から息を止めたまま水面（1絶対気圧）まで浮上すると，ボイルの法則によって肺内の空気は2倍の容積に膨張しますが，倍になった肺の容積を収めるのに十分な大きさに胸郭を広げることはできません。その結果，肺内の過剰な空気が行き場を求めて起こす障害が，肺の過膨張による肺圧外傷です。肺圧外傷は重篤な空気塞栓症を引き起こす原因ともなりますから注意が必要です。

　他の選択肢の解説は下記のとおりです。

(1)　拡散を利用して肺胞内空気中の酸素と血液中の二酸化炭素をやり取り（交換）する仕組みを「ガス交換」といいます。このガス交換は呼吸器の全てで行われるわけではなく，呼吸経路の最終端部分である呼吸細気管支と肺胞に限られています。これら以外の呼吸器である鼻や口，気管，気管

解説
問63

支，細気管支などは，単なる空気の通り道であり，ガス交換に関与しないことから「死腔」と呼ばれています。

(2)　肺の周りには，肋骨や胸骨，胸骨を支える背骨，並びにそれらの間に張り巡らされた筋肉があり，これらをまとめて「胸郭」といいます。肋骨を支えにしているため，胸郭がつぶれることはなく，中の肺も膨らんだ状態を保つことができます。胸郭の底にあたる部分には横隔膜という広くて薄い筋肉が膜のように張っています。胸郭と横隔膜の内側には壁側胸膜という膜が張りつめており，肺の方にも臓側胸膜という膜が肺全体を包み込んでいて，膜の内側からの空気漏れを防いでいます。壁側胸膜と臓側胸膜の間は胸膜腔と呼ばれ，僅かな水分が存在するだけで両者は密着しています。

(3)　胸郭には肋間筋と横隔膜という筋肉があり，これらが収縮すると，胸郭の内容積は拡大します。すると，それにつられて肺も受動的に膨張します。肺が膨張すると，肺内にある肺胞も膨張するので，それによって空気が肺胞内へ引き込まれます。胸郭の筋肉が弛緩すると，胸郭はそれ自体の弾性によって元に戻ります。同様に肺にも弾性があるので風船がしぼむように元の大きさに戻り，中の空気は気管支を経て吐き出されます。この一連の動きは，風船を入れたビンの底をゴム膜に代えたモデルを考えるとよく分かります。ゴム膜が横隔膜にあたり，これを引き下げるとビンの中の風船が膨らんで外側の空気が風船内に引き込まれます。

(4)　肺の表面と胸壁の内側は胸膜に覆われており，両者の間には胸膜腔という隙間

**肺の動作模型**

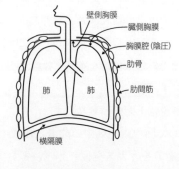

**肺と胸部の構造**

があります。胸膜腔は通常密閉された状態となっていますが，なんらかの原因で胸膜腔の密閉状態が破れて空気が侵入すると，筋肉が肺を広げようとしても肺が広がらないことになり，このような状態を「気胸」といいます。潜水中に気胸を起こすと，浮上によって胸膜腔に侵入した空気が膨張し，も

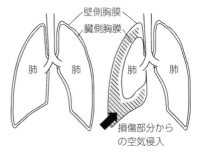

（a）正常な状態　　（b）気胸になった肺

（出典：池田知純『潜水医学入門』1995，大修館書店）

**肺と胸膜の関係**

う一方の肺や心臓を圧迫するため，重篤な障害を来すことがありますので，注意が必要です。

## 《循環器系①》

【問64】

　下の図は，人体の血液循環の経路の一部を模式的に表したものであるが，図中の血管A及びBとそれぞれを流れる血液の特徴に関し，(1)～(5)のうち正しいものはどれか。

(1) 血管Aは動脈，血管Bは静脈であり，血管Aを流れる血液は，血管Bを流れる血液よりも酸素を多く含んでいる。

(2) 血管Aは動脈，血管Bは静脈であり，血管Bを流れる血液は，血管Aを流れる血液よりも酸素を多く含んでいる。

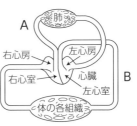

(3) 血管Aは静脈，血管Bは動脈であり，血管Aを流れる血液は，血管Bを流れる血液よりも酸素を多く含んでいる。

(4) 血管A，Bはともに動脈であり，血管Bを流れる血液は，血管Aを流れる血液よりも酸素を多く含んでいる。

(5) 血管A，Bはともに静脈であり，血管Aを流れる血液は，血管Bを流れる血液よりも酸素を多く含んでいる。　　　　（平成30年4月公表問題）

【正解】　正しいものは，(4)。

　血管の名称については心臓を中心に考えます。すなわち，心臓からの血流が流れる血管は動脈であり，心臓に戻る血液が流れるのが静脈です。一方，血液には二酸化炭素を多く含む静脈血と酸素を多く含む動脈血があり，これらを理解するには肺を中心に考えると良いでしょう。すなわち，肺に向かっていく血液は静脈血であり，肺でのガス交換によって二酸化炭素を捨て，酸素を多く含んで肺から出てくる血液は動脈血となります。

　これら2つをあわせて，問題を考えてみましょう。心臓の右心室から肺に向かって送り出された血液は，肺でガス交換を行った後左心房に戻ります。すなわち図の［A］は心臓からの血流が流れますので「動脈」です。またそこを流れるのは肺に向かっていく血液ですので「静脈血」となります。また図の［B］は心臓の左心室から全身に向かって血流が流れますので，その血管は「動脈」となります。そこを流れる血液は，肺を通って心臓の左心室へ戻ってきた血液ですので「動脈血」です。すなわち，図にある［A］および［B］はともに動脈ですが，［A］には二酸化炭素が豊富で酸素の少ない静脈血が流れ，［B］には酸素が豊富な動脈血が流れることになります。したがって，選択肢(4)の記述が正しいということになります。「動脈を流れる血液・静脈を流れる血液」と「動脈血・静脈血」は必ずしも同じものではありませんので，混乱しないように注意しましょう。

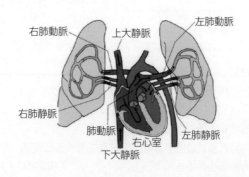

《循環器系②》

【問65】

下の図は，人体の血液循環の経路の一部を模式的に表したものであるが，図中の血管Ａ～Ｄのうち，酸素を多く含んだ血液が流れる血管の組合せとして，正しいものは(1)～(5)のうちどれか。

(1)　Ａ，Ｂ
(2)　Ａ，Ｃ
(3)　Ａ，Ｄ
(4)　Ｂ，Ｃ
(5)　Ｃ，Ｄ

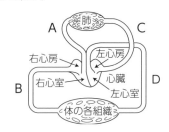

（平成30年10月公表問題）

【正解】　正しいものは，(5)。

　血液の循環は概ね下図のようになります。心臓の左心室から送り出された血液は，大動脈を通り，そこから次々と枝分かれして動脈から全身に送られていきます。動脈はさらに枝分かれを続け，毛細血管に移行します。毛細血管は全身にくまなく分布していて，組織や細胞に血液から酸素や栄養を供給し，二酸化炭素や老廃物を受け取ります。その後毛細血管は再び合流してい

き静脈となり，最終的に大静脈となって心臓の右心房に入ります。そして，右心室から肺動脈を通って肺に入ります。その後，肺胞でガス交換を行い，肺静脈を経て左心房に戻り，

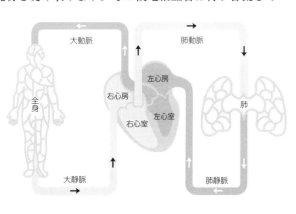

左心室から再び全身に向かいます。このように，血液が全身をめぐる仕組み
を循環系といいます。このうち，左心室を出てから右心房に戻るまでが，全
身をめぐる血液の循環を示すので体循環（または大循環）といいます。一方，
右心室から左心房までを肺循環（または小循環）といいます。

　これらの血管を流れる血液には，二酸化炭素を多く含む静脈血と酸素を多
く含む動脈血があります。すなわち，肺に向かっていく血液は静脈血（図で
は、うすい色の血流）であり，肺でのガス交換によって二酸化炭素を捨て，
酸素を多く含んで肺から出てくる血液は動脈血（図では、濃い色の血流）と
なります。

　ここで，問題に戻ります。問題図の血管［A］は心臓の右心室から肺に向
かっていく肺動脈であり，静脈血が流れています。血管［C］は肺から出て
心臓の左心房に戻る肺静脈で，動脈血が流れています。血管［D］は左心室
から全身に向かう大動脈であり，それを流れる血液は左心房を経て左心室に
送られた動脈です。全身の組織や細胞に酸素を供給し，二酸化炭素を受け取っ
た静脈血は血管［B］の大静脈を通って心臓の右心房に入り，右心室を経て
再び肺に向かって送り出されます。

　このように，酸素を多く含んだ動脈血が流れるのは，血管［C］と［D］
であり，血管［A］と［B］には二酸化炭素を多く含む静脈血が流れていま
す。したがって，選択肢の(5)が正解となります。

《循環器系③》

---

【問66】

　人体の循環器系に関し，誤っているものは次のうちどれか。

(1)　末梢組織から二酸化炭素や老廃物を受け取った血液は，毛細血管から静脈，大静脈を通って心臓に戻る。

(2)　心臓は左右の心室及び心房，すなわち四つの部屋に分かれており，血液は左心室から体全体に送り出される。

(3)　心臓の右心房に戻った静脈血は，右心室から肺静脈を通って肺に送られ，そこでガス交換が行われる。

(4)　心臓の左右の心房の間が卵円孔開存で通じていると，減圧障害を引き起こすおそれがある。

(5)　大動脈の根元から出た冠動脈は，心臓の表面を取り巻き，心筋に酸素と栄養を供給する。

(令和元年10月公表問題)

---

【正解】　誤っているものは，(3)。

　血液は，右心室から肺静脈ではなく，**肺動脈を通って肺に送られます**。肺の毛細血管でガス交換を行った後，今度は肺静脈を経て左心房に戻り，左心室から全身に向かって送り出されます。

　他の選択肢の解説は下記のとおりです。

(1)　全身にくまなく分布している毛細血管によって運ばれた血液は，末梢組織や細胞に酸素や栄養を渡し，二酸化炭素や老廃物を受け取ります。その後，毛細血管は合流して静脈となり，最終的に全身の血液は大静脈に集められて，心臓の右心房に入ります。

(2)　心臓には肺から送られてきた血液を蓄えておく左心房，そこから流入した血液を全身に送り出す左心室と，全身を循環してきた血液が入ってくる右心房，そこから流入した血液を肺に送り出す右心室の４つの部屋があります。この左右の心房と心室は，それぞれ心房中隔と心室中隔によって完全に隔てられています。また，心房と心室には，血液が逆流することのな

いように弁が設けられています。心房と心室は交互に収縮と拡張を繰り返し，血液を循環させていますが，心室が血液を送り出している時期を収縮期，心房から心室へ血液が流れ込んでいる時期を拡張期といい，この収縮と拡張を併せて拍動といいます。心拍数（拍動数）は，1分間当たりの拍動の回数のことで，一般的には成人では60〜80回くらいになります。

(4) 心臓には，4つの部屋があり，左右の心室は心室中隔で，また心房は心房中隔によって仕切られています。心室と心房の間には弁があり，心臓内の血液が常に一定方向に流れるよう調整しています。私たちが胎児の時には，心臓の働きは少し異なります。胎児は，必要な酸素や栄養を全て胎盤を通じて母親から得ていますので，肺呼吸の必要はなく，また肺胞も機能していません。そのため，心臓と肺との間の血液循環は行われず，代わりに心房中隔に開いた孔（卵円孔）を通して血液を循環させています。卵円孔は新生児として呼吸を開始した時に閉じますが，完全に閉じきらないま

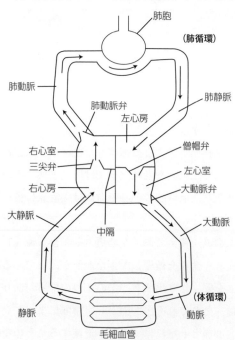

ま残ってしまう場合があり，これを卵円孔開存といいます。潜水によって組織に生じた気泡は，血液によって運ばれ，心臓の右心室，右心房を経由して肺で濾過されます。しかし，卵円孔が開存している場合には，右心室にある気泡が卵円孔から直接左心室に入り，動脈血とともに全身に送られてしまいます。動脈血に入った気泡は脳に達し，意識障害などを伴う重篤な減圧症を引き起こすことになります。

(5)　心臓は全身に血液を送り出すポンプのような臓器で，心筋という筋肉組織によって拡張と収縮を繰り返します。心筋壁には動脈が発達しており，これを冠状動脈（冠動脈）といいます。冠状動脈は，すぐそばにある大動脈の根元から直接枝分かれしています。肺から出てきた酸素豊富な動脈血は，左心室を経て大動脈に入りますが，冠状動脈はこの大動脈からすぐに分岐しているため，心筋には常に豊富な酸素が供給されることになります。

《神経系①》

【問67】

　人体の神経系に関し，誤っているものは次のうちどれか。
(1)　神経系は，身体を環境に順応させたり動かしたりするために，身体の各部の動きや連携の統制をつかさどる。
(2)　神経系は，中枢神経系と末梢神経系から成る。
(3)　中枢神経系は，脳と脊髄からなり，脳は特に多くのエネルギーを消費するため，脳への酸素供給が数分間途絶えると修復困難な損傷を受ける。
(4)　末梢神経系は，体性神経と自律神経から成る。
(5)　感覚器官からの情報を中枢に伝える神経を体性神経といい，中枢からの命令を運動器官に伝える神経を自律神経という。

（平成31年4月公表問題）

解説
【問67】

【正解】　誤っているものは，(5)。

　神経系は，中枢神経系と末梢神経系に分類されます。末梢神経系は，刺激や興奮を中枢と身体各部との間で伝導する連絡路であり，体性神経と自律神経に区分されます。

　体性神経には，皮膚などの感覚器官に感じた痛覚などの**刺激（情報）を脳に伝達する感覚神経**と脳（中枢）からの**命令を運**

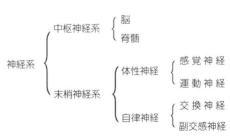

神経系の区分

**動器官に伝える運動神経**があります。痛みや熱さを感じて手をひっこめたり，顔に向かってくる虫を見て目を閉じたり，首をすくめたりする一連の動作は体性神経によるものです。

他の選択肢の解説は下記のとおりです。

(1) 身体を環境に順応させたり動かしたりするためには，身体の各部の動きや連携が統制されていなければなりません。身体の中でそれを司っているのが神経です。神経は体のあちこちに網の目のように張りめぐらされ，無数の細胞や組織と連絡して，その機能を調整するはたらきを担っています。

(2) 神経系は，中枢神経系と末梢神経系の2つに大別されます。中枢神経系は，末梢からの刺激を受け，これに対して興奮をおこす中心部の神経系で，脊髄と脳からなっています。刺激や興奮を中枢と身体各部との間で伝導する連絡路が末梢神経系となります。

(3) 中枢神経系は脳と脊髄から構成されており，生命維持などに関する高次な機能が営まれています。神経系には再生能力がないため，一度破壊されてしまうとその神経細胞は生涯欠落したままとなってしまいます。例えば脳はその活動と維持のために多くのエネルギーを必要としますが，脳への酸素供給が3分間途絶えただけでも，エネルギー不足から修復困難な損傷を受けるといわれています。

(4) 神経系は，中枢神経系と末梢神経系に分類されます。末梢神経系では主に情報の伝達が行われており，知覚や運動に関する情報を伝達する体性神経と，脳や脊髄などからの生命維持に必要な情報を伝える自律神経からなっています。

《神経系②》

---

【問68】

　神経系に関する次の文及び図中の ▢ 内に入れるAからCの語句の組合せとして，正しいものは(1)～(5)のうちどれか。

「神経系は中枢神経系と末梢神経系に大別され，末梢神経系のうち ▢A▢ 神経系は ▢B▢ 神経と ▢C▢ 神経から成る。ヒトの体が刺激を受けて反応するときは，下の図のような経路で信号が伝えられる。」

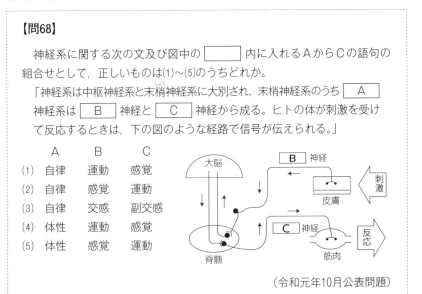

|  | A | B | C |
|---|---|---|---|
| (1) | 自律 | 運動 | 感覚 |
| (2) | 自律 | 感覚 | 運動 |
| (3) | 自律 | 交感 | 副交感 |
| (4) | 体性 | 運動 | 感覚 |
| (5) | 体性 | 感覚 | 運動 |

（令和元年10月公表問題）

---

【解説】
【問68】

【正解】　正しいものは，(5)。

　神経系は中枢神経系と末梢神経系に大別されますが，末梢神経系のうち［A：体性］神経系は［B：感覚］神経と［C：運動］神経から成り，感覚神経によって刺激が脳に伝えられ，運動神経によって反応が引き起こされます。

　神経は体のあちこちに網の目のように張りめぐらされ，無数の細胞や組織と連絡して，その機能を調整する働きをしています。末梢からの刺激を受けて，これに対して興奮をおこす中心部を中枢神経系といい，脊髄と脳からなっています。刺激や興奮を中枢と身体各部との間で伝導する連絡路を末梢神経系といい，体性神経と自律神経に区分されます。

　体性神経には，皮膚に感じた痛覚などの刺激を脳に伝達する感覚神経と脳からの指令に従って，四肢の筋肉などを動かす運動神経があります。痛みや熱さを感じて手をひっこめたり，顔に向かってくる虫を見て目を閉じたり，首をすくめたりする一連の動作は体性神経によるものです。

　自律神経系は，心臓の動き，血圧や呼吸数の調整，胃酸の分泌，食物が消化管を通過する速度など，意識的な努力を必要としない身体作用の調節を行っています。自律神経系には，交感神経と副交感神経があり，これらは互いに協調して働きます。通常は一方が活発になっているときは，他方は活動を抑制して，臓器に働きかけます。交感神経の主な機能は，ストレスの多い緊急の状況に対して体を準備させることです。副交感神経の主な機能は，普通の状況に体を対応させることです。たとえば，交感神経は脈拍，血圧，呼吸数を増加させますが，副交感神経はそれらを減少させます。

《神経系③》

---

【問69】

　人体の神経系に関し，誤っているものは次のうちどれか。
(1)　神経系は，身体を環境に順応させたり動かしたりするために，身体の各部の動きや連携の統制をつかさどる。
(2)　神経系は，中枢神経系と末梢神経系とに大別される。
(3)　中枢神経系は，脳及び脊髄から成っている。
(4)　末梢神経系は，体性神経及び自律神経から成っている。
(5)　自律神経は，感覚神経及び運動神経から成っている。

（令和2年4月公表問題）

---

【正解】　誤っているものは，(5)。

　**自律神経は交感神経と副交感神経から成っており**，交感神経は臓器の働きを亢進し，副交感神経は逆に抑制します。亢進と抑制という正反対の作用をすることで，その臓器を効率良くコントロールしています。

　私たちの身体の中にある臓器は常に機能しています。活動しているときはもちろん，眠っているときでも，心臓や血流は決して止まることなく，消化や吸収が休みなく行われ，汗などによる体温調整も行われています。このような臓器の動きをバランスよく機能させるためには，自律神経による「亢進」

と「抑制」の命令を適度に組み合わせ
る必要があります。

　他の選択肢の解説は下記のとおりで
す。

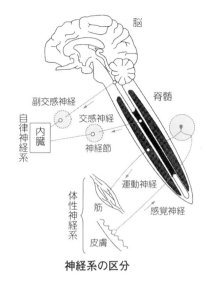

**神経系の区分**

(1)　身体を環境に順応させたり動かし
　　たりするためには，身体の各部の動
　　きや連携が統制されていなければな
　　りません。身体の中でそれを司って
　　いるのが神経です。神経は体のあち
　　こちに網の目のように張りめぐらさ
　　れ，無数の細胞や組織と連絡して，
　　その機能を調整する働きを担ってい
　　ます。

(2)　神経系は，中枢神経系と末梢神経系の2つに大別されます。中枢神経系
　　は，末梢からの刺激を受け，これに対して興奮をおこす中心部の神経系で，
　　脊髄と脳からなっています。刺激や興奮を中枢と身体各部との間で伝導す
　　る連絡路が末梢神経系となります。

(3)　中枢神経系は脳と脊髄から構成されており，生命維持などに関する高次
　　な機能が営まれています。

(4)　神経系は，中枢神経系と末梢神経系に分類されます。末梢神経系では主
　　に情報の伝達が行われており，知覚や運動に関する情報を伝達する体性神
　　経と，脳や脊髄などからの生命維持に必要な情報を伝える自律神経から
　　なっています。

《体温①》

【問70】

　人体に及ぼす水温の作用及び体温に関し，誤っているものは次のうちどれか。

⑴　体温は，代謝によって生じる産熱と，人体と外部環境の温度差に基づく放熱のバランスによって一定に保たれる。

⑵　低体温症に陥った者への処置として，濡れた衣服は脱がせて乾いた毛布や衣服で覆う方法がある。

⑶　水の熱伝導率が空気の約10倍であるので，水中では，体温が奪われやすい。

⑷　一般に，体温が35℃以下の状態を低体温症という。

⑸　水中で体温が低下すると，震え，意識の混濁や消失などを起こし，死に至ることもある。　　　　　　　　　　（平成31年4月公表問題）

【正解】　誤っているものは，⑶。

　**水は空気に較べて熱伝導率（熱伝導度）が23〜25倍高いので，水中では**体温が容易に奪われることになります。熱伝導度とは熱の伝わりやすさを数値によって表したもので，数値が大きいほど，熱は伝わりやすくなります。熱伝導度は物質の状態によって異なりますが，気体＜液体＜固体の順に大きくなります。

　他の選択肢の解説は下記のとおりです。

⑴　人が正常に活動するためには，体温を一定に保つ必要があります。この体温調節は，代謝の結果体内に生じる熱（産熱）と，その放散（放熱）のバランスによって行われています。産熱が代謝という化学的プロセスで行われるのに対し，放熱は人体と外部環境の温度差に基づく物理的プロセスによって行われています。水中では産熱よりも放熱のほうが大きくなってしまうので，バランスを保つために潜水服を着用して放熱をおさえることが必要になります。

⑵　低体温症の処置としては，体温を回復させることが重要であり，発汗させるまで保温を行った方が良いとされています。特に体熱の損失を最小に

することが必要であり，方法としては，①濡れた潜水服を脱がせ，②何枚もの毛布でくるんで，③風の当たらない場所に移動し，④可能であれば暖かいところで体温を回復させる，といった方法があります。

(4) 低体温症は，体から失われる熱量が，運動などによって産生される熱量を上回った結果として生じます。一般的には体温が35℃以下に低下した場合に低体温症と診断されますが，36℃前後の軽微な低体温症でも判断力や運動能力などの生体機能が低下することがあり，それが原因となって重大な事故に至る可能性もあるため，注意が必要です。

(5) 低体温になると，まず身体に震えがきます。35℃位になると思考力や意欲が低下し，34℃では，無気力と混乱により会話が困難となり，感覚が失われて足を動かすことも難しくなります。33℃では，意識が混濁し，死亡率は50％に達し，さらに体温が低下すると，不整脈を起こし，脳活動も低下してついには死亡に至ります（表）。

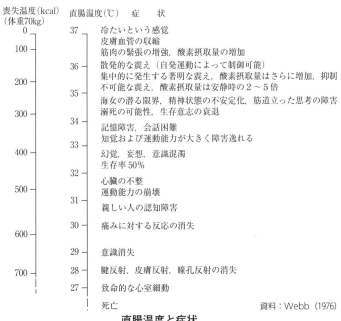

| 喪失温度(kcal)<br>(体重70kg) | 直腸温度(℃) | 症　状 |
|---|---|---|
| 0 | 37 | 冷たいという感覚<br>皮膚血管の収縮<br>筋肉の緊張の増強，酸素摂取量の増加 |
| 100 | 36 | 散発的な震え（自発運動によって制御可能）<br>集中的に発生する著明な震え，酸素摂取量はさらに増加，抑制 |
| 200 | 35 | 不可能な震え，酸素摂取量は安静時の2～5倍<br>海女の潜る限界，精神状態の不安定化，筋道立った思考の障害 |
| 300 | 34 | 溺死の可能性，生存意志の衰退<br>記憶障害，会話困難 |
| 400 | 33 | 知覚および運動能力が大きく障害逸れる<br>幻覚，妄想，意識混濁<br>生存率50％ |
| 500 | 32<br>31 | 心臓の不整<br>運動能力の崩壊<br>親しい人の認知障害 |
| 600 | 30 | 痛みに対する反応の消失 |
|  | 29 | 意識消失 |
| 700 | 28 | 腱反射，皮膚反射，瞳孔反射の消失 |
|  | 27 | 致命的な心室細動 |
|  |  | 死亡 |

資料：Webb（1976）

**直腸温度と症状**

## 《体温②》

**【問71】**

　人体に及ぼす水温の作用などに関し，誤っているものは次のうちどれか。

(1)　体温は，代謝によって生じる産熱と，人体と外部環境の温度差に基づく放熱とのバランスによって保たれる。

(2)　ドライスーツは，ウエットスーツに比べ保温力があり，低水温環境でも長時間潜水を行うことができる。

(3)　水の比熱は空気に比べてはるかに大きいが，熱伝導度は空気より小さい。

(4)　水中で体温が低下すると，震え，意識の混濁や消失などを起こし，死に至ることもある。

(5)　一般に，体温が35℃以下の状態を低体温症という。

（令和2年4月公表問題）

**【正解】**　誤っているものは，(3)。

　水の比熱は空気の1,000倍以上ありますが，**熱伝導度も25倍ほど大きい**という特性があります。

　比熱は，単位質量の物質を単位温度上昇させるために必要な熱量を表したものです。比熱の大きな物質ほど温度差を生じさせるのに大きな熱量が必要になるため，温まりにくく冷めにくいことになります。例えば冬にストーブに手をかざすとすぐに温かさを感じますが，ストーブの上に置いた鍋の水はそれほどすぐには温まりません。これは水の比熱の高さによるものです。一方，熱伝導度は熱の伝わりやすさを数値によって表したもので，数値が大きいほど，熱は伝わりやすくなります。例えば温度90℃のお湯に手をつけるとたちまち火傷してしまいますが，温度90℃のサウナに入っても，すぐに火傷することはありません。これは，空気の熱伝導度が水より小さいためです。

　他の選択肢の解説は下記のとおりです。

(1)　人の体温調節は，代謝の結果体内に生じる熱（産熱）と，その放散（放熱）のバランスによって行われています。産熱が代謝という化学的プロセスで行われるのに対し，放熱は人体と外部環境の温度差に基づく物理的プ

ロセスによって行われています
す。水中では産熱よりも放熱の
ほうが大きくなってしまうの
で，バランスを保つために潜水
服を着用して放熱をおさえるこ
とが必要になります。

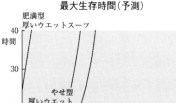
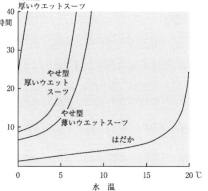

**最大生存時間**（予測）

(From Edmonds, *et al* eds, Hypothermia. In Diving and Subaquatic Medicine. 2nd ed. 1981.)

資料：Hypothemia. in Diving and Subaguatic Medicine

**水温と最大生存時間及び潜水服による防寒**

(2) 水は熱伝導度が高いため，水
中では体の熱が容易に外に移動
し，その結果低体温症を起こし
やすい状態にあります。これを
防ぐために，潜水時には水温に
適した潜水服を着用します。そ
れほど水温が低くない場合はウ
エットスーツでも大丈夫です
が，水温を利用するウエットスーツはあまり高い保温能力を有さないので，
必要に応じてドライスーツなどの潜水服を用いることが必要です。ドライ
スーツはスーツ内に空気が蓄えられるため，空気の比熱と熱伝導度により
高い保温性を確保することができます。

(4) 体温が低下して低体温になると先ず身体に震えがきます。体温が35℃位
まで低下すると思考力や意欲が減退し，34℃では，無気力と混乱により会
話が困難となり，感覚が失われて足を動かすことも難しくなります。33℃
では，意識が混濁し，死亡率は50％に達し，さらに体温が低下すると，不
整脈を起こし，脳活動も低下してついには死亡に至ります。

(5) 低体温症は，体から失われる熱量が，運動などによって産生される熱量
を上回った結果として生じます。一般的には体温が35℃以下に低下した場
合に低体温症と診断されます。

問71 解説

《圧外傷①》

**【問72】**

　潜水によって生じる圧外傷に関し，正しいものは次のうちどれか。

(1)　圧外傷は，潜降又は浮上いずれのときでも生じ，潜降時のものをブロック，浮上時のものをスクィーズと呼ぶ。

(2)　潜降時の圧外傷は，潜降による圧力変化のために体腔内の空気の体積が増えることにより生じ，中耳腔，副鼻腔，面マスクの内部や潜水服と皮膚の間などで生じる。

(3)　浮上時の圧外傷は，浮上による圧力変化のために体腔内の空気の体積が減少することにより生じ，副鼻腔，肺などで生じる。

(4)　虫歯の処置後に再び虫歯になって内部に密閉された空洞ができた場合，その部分で圧外傷が生じることがある。

(5)　圧外傷は，深さ５ｍ以上の場所での潜水の場合に限り生じる。

(令和元年10月公表問題)

**【正解】**　正しいものは，(4)。

　虫歯になって内部に空洞ができた場合，その部分が圧外傷を起こすことがあります。潜降時に虫歯が押し込められるような痛みを感じたり，浮上時に押し出されるような痛みを感じたりした場合には，圧外傷の可能性がありますので，早急に治療を受ける必要があります。

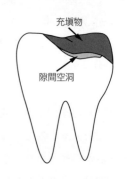

充填物

隙間空洞

　他の選択肢の解説は下記のとおりです。

(1)　圧外傷は，気体容積の変化によって生じる障害全般を示しますので，潜降・浮上のいずれにおいても生じることになります。このうち，**潜降時に生じるものをスクィーズ，浮上時に生じる障害をブロック**といいます。

　スクィーズは締め付け障害とも呼ばれ，水深の増加に伴う圧力上昇によって気体体積が減少することによるものです。一方ブロックは浮上による水深（圧力）の低下によって体積が増大（膨張）した気体がスムーズに

排出されないときに生じます。これら圧力と気体体積の関係はボイルの法則によります。

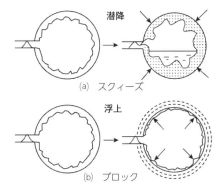

(a) スクィーズ

(b) ブロック

潜降・浮上いずれのときでも生じる。潜降時のものを「スクィーズ」, 浮上時のものを「ブロック」と呼ぶことがある。（出典：池田知純『潜水医学入門』1995, 大修館書店）

**圧外傷のメカニズム**

(2)　潜降時の圧外傷は，水圧の増加によって**体腔内の空気の体積が減少する**ため，その減少分を補う形で，粘膜が腫脹したり，体腔内へ出血したりすることによって生じます。圧外傷が生じやすいところは，中耳腔や副鼻腔ですが，同様に気体が存在する面マスクの内部や潜水衣と皮膚の間などでも圧外傷が生じることがあります。

(3)　浮上時に発生する圧外傷は，浮上による減圧のために**体腔内の空気の体積が増加することで生じます**。すなわち，体腔内の膨張した空気がスムーズに体外に排出されないと，逃げ場を失った空気が周囲を圧迫して痛みを起こすもので，副鼻腔や肺，中耳腔など空気を含む部位で生じます。

(5)　圧外傷は水深1～2mといった浅い水深の潜水でも起こる場合があります。私たちの身体は圧力が均等にかかっている場合には，深く潜っても特に問題を生じることはありません。しかし，もし不均等に圧力が加わるとなると，非常に小さい圧力差でも圧外傷を起こすことがあります。実際に，耳の鼓膜は1.3m以上の深さで損傷をきたすと考えられていますし，1.8mのプールでの潜水訓練時に肺の圧外傷が生じたとの症例報告もあります。

解説【問72】

## 《圧外傷②》

### 【問73】

　次のAからEの高気圧障害について，圧外傷又は圧外傷によって引き起こされる障害に該当するものの組合せは(1)～(5)のうちどれか。

A　減圧症　　　　　(1)　A，C
B　スクィーズ　　　(2)　A，D
C　骨壊死　　　　　(3)　B，D
D　空気塞栓症　　　(4)　B，E
E　チョークス　　　(5)　C，E　　　　　　　　（令和2年4月公表問題）

【正解】　該当するものの組合せは，(3)。

　圧外傷または圧外傷によって引き起こされる障害は，B：スクィーズとD：空気塞栓症です。したがって，(3)の組合せが該当します。

　圧外傷は，圧力（水圧）の変化に伴って気体容積が増減することによって生じる障害です。私たちの体は，さまざまな臓器や組織，血液などの液体によってぎっしりと隙間なく満たされていますが，一部には空気を含む空洞のような部分（含気体腔）があります。そのうちの一つに胃や腸がありますが，これらは比較的柔らかな組織を持つため，気体容積の変化に対応することができます。一方，頭蓋骨や肋骨などで囲まれた，中耳腔や副鼻腔，肺は水圧の変化に対して均衡が保たれなければ，圧外傷として知られる障害を起こすことがあります。

A　減圧症×：圧力（水圧）が関係する疾患には，圧外傷の他に，圧力の増加に従って溶け込んだ窒素などの不活性ガスが，浮上による圧力低下に伴って気泡化し，生体にさまざまな変化を引き起こす障害があり，「減圧症」と呼ばれています。圧外傷が圧力変化に伴う気体容積の増減という直接的な影響によるものなのに対し，減圧症は不活性ガスの排出に伴う気泡化によるものであることから，両者は明確に区別されています。

B　スクィーズ○：圧力変化による気体容積
の増減のうち，圧力上昇に伴う気体容積の
減少を原因とする障害を特にスクィーズ
（squeeze：押しつぶす）といいます。中耳
腔や副鼻腔によく見られる障害ですが，ヘ
ルメット潜水器や面マスク，ドライスーツ
でも生じることがあります。

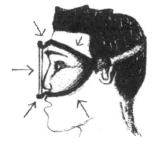

**面マスクによるスクィーズ**

C　骨壊死×：骨壊死とは何らかの原因で骨
組織が破壊される障害です。原因は未だ明らかではありませんが，減圧症
に罹患した経験のある人や無理な潜水を繰り返した潜水者に多く見られる
ことから，減圧症との関係が示唆されています。

D　空気塞栓症○：空気塞栓症は息を止めたまま浮上するなどによって，肺
が過膨張を来すことによる肺の圧外傷によって生じる障害です。肺過膨張
によって損傷した肺胞壁から空気が動脈内に入り込み，気泡となって血流
を阻害したり，塞栓するなどして脳などの重要な器官に障害をもたらしま
す。

E　チョークス×：チョークス（chokes：息が詰まる）は肺の減圧症のこ
とであり，息切れや呼吸困難，胸痛，血痰等の症状を訴える重症の減圧症
です。減圧によって生じた大量の気泡が肺を損傷するために生じる障害で
すので，気体容積の変化を原因とする圧外傷とは異なります。

問73 解説

## 《圧外傷③》

### 【問74】

　潜水によって生じる圧外傷に関し，誤っているものは次のうちどれか。

(1)　圧外傷は，水圧が身体に不均等に作用することにより生じる。

(2)　圧外傷は，潜降・浮上いずれのときでも生じ，潜降時のものをスクィーズ，浮上時のものをブロックと呼ぶことがある。

(3)　潜降時の圧外傷は，中耳腔，副鼻腔，面マスクの内部，潜水服と皮膚の間などで生じる。

(4)　深さ1.8m程度の浅い場所での潜水からの浮上でも圧外傷が生じることがある。

(5)　浮上時の肺圧外傷を防ぐためには，息を止めたまま浮上する。

(平成29年10月公表問題)

【正解】　誤っているものは，(5)。

　息を止めたまま浮上すると，**肺の過膨張によって肺圧外傷を引き起こします**。潜水中に圧縮空気を呼吸し，息を止めたまま浮上を行うと，浮上に伴う水圧の低下に伴って，肺内の空気体積は膨張していきます。そのまま浮上を続けると，肺は過膨張となり，ついには肺圧外傷を引き起こすことになります。肺圧外傷は，重篤な潜水障害である空気塞栓症の原因となりますので，

①圧縮空気を呼吸して息を止めたまま浮上すると…

②肺過膨張となって…

③肺圧外傷を引き起こす…

[出典：Edomonds C., Diving Medicine for SCUBA Divers 5th ed. 2013]

**浮上時の肺圧外傷**

注意が必要です。肺の過膨張を防ぐためには，急激な浮上を行わず，浮上の際には息を吐くことが必要です。

他の選択肢の解説は下記のとおりです。

(1) 私たちの身体に圧力が均等に作用しているときには，深く潜っても特に問題を生じることはありません。しかし，圧力が不均等に作用するとなると，非常に小さい圧力差であっても圧外傷として知られる障害に罹ることになります。不均等に圧力が加わる場所としては，体の内部の気体を含んだ空間（含気体腔），あるいは面マスクの中など，潜水器材と体の表面との間の空間が挙げられます。

(2) 圧外傷は水圧の不均等な作用によるものなので，潜降・浮上のいずれの場合でも生じます。このうち，潜降時に生じる圧外傷をスクィーズといいます。これは，締め付け障害とも呼ばれ，圧力の増大による気体容積の減少によって引き起こされるものです。一方，浮上時に生じる障害はブロック（塞ぐ）といい，圧力の低下によって膨張した気体がスムーズに排出されないときに生じます。

(3) 潜降時の圧外傷は，水圧の増加によって気体容積が減少するため，それを補うために，粘膜が腫脹したり，体腔内へ出血したりすることによって生じます。圧外傷が生じやすいところは，中耳腔や副鼻腔あるいは面マスクの内部や潜水衣と皮膚の間などです。

(4) 圧外傷は，非常に小さい圧力差でも生じる場合があります。実際に，深さ1.8mのプールでの潜水訓練時に肺の圧外傷が生じた症例が報告されています。水深がそれほど深くない場所で潜水を行う場合でも，圧外傷は僅かな圧力差でも生じる恐れがありますので，油断してはなりません。

## 《圧外傷④：耳の障害》

**【問75】**

　潜水による耳の障害に関し，誤っているものは次のうちどれか。

(1)　中耳腔は，耳管によって咽頭と通じているが，この管は通常は閉じている。

(2)　耳の障害を防ぐため，耳抜きによって耳管を開き，鼓膜内外の圧調整を行う。

(3)　耳の障害の症状として，鼓膜の痛みや閉塞感のほか，難聴を起こすこともあり，水中で鼓膜が破裂するとめまいを生じることがある。

(4)　圧力の不均衡による内耳の損傷を防ぐには，耳抜き動作は強く行うほど効果的である。

(5)　風邪をひいたときは，炎症のため咽喉や鼻の粘膜が腫れ，耳抜きがしにくくなる。

（平成30年10月公表問題）

**【正解】**　誤っているものは，(4)。

　**過度に強い耳抜き動作は，内耳損傷を引き起こす**ことがあり，注意が必要です。潜水して1〜2mほど潜ると耳に痛みを感じます。これは，中耳腔内の圧力が周囲の圧力（水圧）より低くなったことによるものです。痛みを和らげるためには，唾を飲み込んだり，鼻をつまんでいきんだりすること（バルサルバ法）によって耳管を開き，中耳腔内の圧力を高める必要があります。この一連の動作を「耳抜き」といいますが，耳管の通気が悪い状態で無理にバルサルバ法を行うと，大きな圧力が体内にかかり，内耳の圧外傷に罹患する場合があります。

　他の選択肢の解説は下記のとおりです。

(1)　中耳腔には空気を含む空間があり，耳管によって咽頭に通じています。耳管は通常は閉じていますが，唾を飲み込んだり，鼻をつまんでいきんだりすることによって開口することができます（耳抜き）。

(2)　潜水による耳の障害は，圧力変動に起因する圧外傷がそのほとんどであ

り，特に中耳に多く見られます。潜水して中耳腔内の圧力が外界と不均等になると，耳に違和感や痛みを感じるようになりますので，耳抜きを行って圧力を調整する必要があります。

(3) 潜水による耳の痛みは，耳抜きによる耳管開放によって中耳腔内の圧力調整を行えば防ぐことができます。これがうまくいかないと，中耳圧外傷を生じ，痛みや閉塞感を感じるようになります。中耳圧外傷がさらに進むと，ついには鼓膜を損傷することになります。鼓膜が破れただけなら通常すぐに回復しますが，潜水中にこれが生じると破れた鼓膜から冷水が直接中耳腔に浸入し，左右の耳に温度差が生じるため強いめまいを起こすことがあります。

(5) 風邪などで咽喉や鼻に炎症を起こしたりすると耳管の通気性が悪くなり，耳抜きが十分に行えない場合があります。また，風邪で肺や気道に痰が溜まったりすると，それが原因となって肺圧外傷や空気塞栓症を起こす場合がありますので，風邪をひいてしまった場合には，無理に潜水してはなりません。

### 《圧外傷⑤：耳と副鼻腔》

【問76】

　潜水による副鼻腔や耳の障害に関し，誤っているものは次のうちどれか。

(1) 潜降の途中で耳が痛くなるのは，外耳道と中耳腔との間に圧力差が生じるためである。

(2) 通常は，耳管が開いているので，外耳道の圧力と中耳腔の圧力には差がない。

(3) 耳の障害による症状には，耳の痛み，閉塞感，難聴，めまいなどがある。

(4) 副鼻腔の障害は，鼻の炎症などによって，前頭洞，上顎洞などの副鼻腔と鼻腔を結ぶ管が塞がった状態で潜水したときに起こる。

(5) 副鼻腔の障害による症状には，額の周りや目・鼻の根部の痛み，鼻出血などがある。　　　　　　　　　　　　　　（令和元年10月公表問題）

解説
【問75】
↓
【問76】

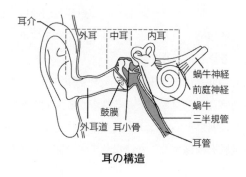

**耳の構造**

【正解】 誤っているものは，(2)。

　耳管は中耳の鼓室（中耳腔）から咽頭に通じる管で，**通常は閉じています**が，唾を飲み込んだり，鼻をつまんでいきんだりすることによって開口させることができます。この耳管を開口させるための一連の動作を「耳抜き」といいます。潜降時に感じる鼓膜の圧迫感は，中耳腔内の圧力が水圧より低くなり，鼓膜が内側に引っ張られることによるものです。そのまま潜降を続けると，中耳腔内に出血を生じたり鼓膜が破れたりすることになるので，耳抜きによって耳管を開き，中耳腔内へ空気を流入させて水圧との均圧を図ります。

　他の選択肢の解説は下記のとおりです。

(1)　耳は外側から外耳・中耳・内耳の3つの部分に分かれています。外耳は直接外界に開放されているため，潜水によって圧の不均衡が生じることはありません。外耳の奥にある中耳は，鼓膜によって外耳と分離されており，内部には空気を含む空間（中耳腔）を持っています。潜水すると，外耳道に水が流れ込み鼓膜を中耳側に押し込むため，水圧を感じます。さらに潜水して外耳道と中耳腔の圧力差が大きくなると，圧力によって中耳腔内の空気容積が大きく減少する（ボイルの法則）のを血液やリンパ液によって補うため，中耳内壁が膨張し，耳の閉塞感や痛みを感じるようになります。

(3)　潜水による耳の障害は圧外傷によるもので，多くの場合中耳が冒されます。これは中耳腔内外の圧力不均等等に起因するもので，耳抜きによる耳管

開口によって圧力の調整を行えば，問題が生じることはありません。これがうまくいかないと，中耳圧外傷を生じ，痛みや閉塞感を感じるようになります。中耳

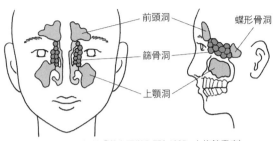

（出典：池田知純『潜水医学入門』1995, 大修館書店）

**副鼻腔の位置**

圧外傷がさらに進むと，ついには鼓膜を損傷することになりますが，このとき鼓膜が破れないで，内耳の被膜（内耳窓）が破れるとリンパ液が中耳側に漏出し，内耳圧外傷を生じることになります。リンパ液は内耳にある聴覚器官や平衡器官が正常に機能するために重要な役割を持っており，これが漏出してしまうと聴覚器官や平衡器官が損傷します。聴覚器官の損傷では耳鳴りや聴覚損失（難聴）が，平衡器官の損傷では平衡感覚の失調や回転を伴っためまい，吐き気などを起こします。

(4)　副鼻腔とは，鼻腔に隣接した骨内に作られた空洞のことであり，前頭洞，篩骨洞，蝶形骨洞，上顎洞の４つがあります。これらの副鼻腔は細い孔で鼻腔に通じており，鼻呼吸をすることで空気の交換が行われています。この孔が生まれつき閉じ気味で通気性が悪かったり，風邪などによる炎症のために塞がってしまった状態で潜水を行うと，空気が鼻腔内に閉じ込められた状態となり，副鼻腔の圧外傷に罹患することになります。

(5)　鼻腔に通じる副鼻腔の孔が塞がった状態で潜降すると，副鼻腔内の空気は圧縮されます。圧縮によって空気の容積が減少したスペースは，副鼻腔内の粘膜の膨張や出血によって補われることになります。症状としては，障害が生じた副鼻腔のあたり，具体的には額の周りや目，鼻の根元部分に痛みや閉塞感が生じます。また眉間の部分に強い痛みを感ずることもあります。

## 《圧外傷⑥：空気塞栓症》

**【問77】**

潜水によって生じる空気塞栓症に関し，誤っているものは次のうちどれか。

(1) 空気塞栓症は，急浮上などによる肺の過膨張が原因となって発症する。

(2) 空気塞栓症は，肺胞の毛細血管に侵入した空気が，動脈系の末梢血管を閉塞することにより起こる。

(3) 空気塞栓症は，脳においてはほとんど認められず，ほぼ全てが心臓において発症する。

(4) 空気塞栓症は，一般的には浮上してすぐに意識障害，痙攣発作などの重篤な症状を示す。

(5) 空気塞栓症を予防するには，浮上速度を守り，常に呼吸を続けながら浮上する。 （令和2年4月公表問題）

**【正解】** 誤っているものは，(3)。

空気塞栓症は，**心臓ではほとんど認められず，ほぼすべてが脳の塞栓症で**す。空気塞栓の元となる気泡は動脈によって運ばれるため，身体のどの部分でも起こりえるように思われます。しかし，体の大多数の動脈の先は網の目のようになっていて，たとえ一本の動脈が詰まったところで，別の血管から血液が回されてきて，その先の血行が途絶することはありません。したがって，障害を受けるのは，終動脈として他の隣接する細い動脈から枝分かれを受けなくなっているような組織あるいは臓器ということになります。このような血管構築をしている主要な臓器は脳と心臓です。心臓が空気塞栓症にかかると，心臓を循環している冠動脈が塞栓され，心筋梗塞と同じ病態を引き起こすことになりますが，潜水の現場では，理由は明らかではありませんが，心臓の塞栓症はほとんど認められません。一方，脳は空気塞栓症によって重篤な障害を受けます。脳の空気塞栓症で最も多く見られる症状は意識障害で，痙攣発作を伴うことも多く，概して重症です。その他，運動神経障害（片麻痺），視力障害，言語障害，失語，自律神経障害，知覚障害などが見られます。つまり，空気塞栓症特有の症状や徴候というものはありません。このことが，

判断を困難にし，それが初期対応の遅れにつながる場合があります。空気塞栓症は，浮上から発症までの時間が短く，ほとんどが浮上後5分以内に発症しますので，1つの判断基準となります。

他の選択肢の解説は下記のとおりです。

(1) 何らかの理由で急速浮上した場合，あるいは充分に息を吐かないで浮上した場合には，肺が過膨張をきたし，行き場を失った肺内の空気が肺胞を傷つけ，肺の間質気腫を引き起こします。さらにその空気が肺の毛細血管に進入すると，空気が血管内を移動して肺から心臓に還り，そこから動脈にのって全身に流され，その先で塞栓となって血管を閉塞することになります。このようにして起こる疾患を空気塞栓症といいます。

(2) 空気塞栓症は，肺の損傷により破れた肺胞壁から血管内に侵入した空気が原因となって生ずる障害です。空気は血管内で気泡となり，その周りを血小板が覆い塊を形成します。この塊が血栓となって細い毛細血管を塞ぎ，組織への血液供給を阻害してしまいます。このような状態が脳の毛細血管で生じれば，意識障害や痙攣麻痺などの症状が現れることになります。

なお，減圧の際に発生する窒素気泡は組織や静脈内で発生し，肺でそのほとんどが濾過されてしまうため，よほどのことが無い限り動脈にまで達することはありません。

(4) 空気塞栓症は，一般的には浮上してすぐに意識障害や痙攣発作等の重篤な症状を示します。パニックによって急速浮上した場合や，皮下気腫などあきらかな肺圧外傷が認められるときには，容易に空気塞栓症と判断することができますが，普通に浮上したときにも空気塞栓症に罹患することがあり，心筋梗塞や不整脈等と間違われることが往々にしてあります。したがって，高血圧や明らかな心疾患の既往がな

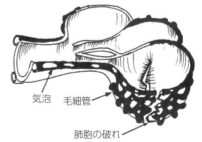

気泡　毛細管

肺胞の破れ

**空気塞栓の原因：肺胞の破れ**

(Diving Medicine for Scuba Divrs, 5th ed. より抜粋)

く，浮上直後に意識障害等を呈した場合は，最初に空気塞栓症を疑い，再圧治療などの適切な処置を行わなければなりません。

(5) 空気塞栓症を防ぐためには，つねに息をはきながら浮上するようにし，浮上速度も速くなりすぎないように注意しておかなければなりません。また，定期的に健康診断を受診し，胸部X線写真等で肺疾患がないことも確認しておくことが必要です。


《ガス中毒①》

---

**【問78】**

潜水業務における二酸化炭素中毒及び一酸化炭素中毒に関し，誤っているものは次のうちどれか。

(1) ヘルメット式潜水で二酸化炭素中毒を予防するには，十分な送気を行う。

(2) 二酸化炭素中毒は，二酸化炭素が血液中の赤血球に含まれるヘモグロビンと強く結合し，酸素の運搬ができなくなるために起こる。

(3) 二酸化炭素中毒の症状には，頭痛，めまい，体のほてり，意識障害などがある。

(4) エンジンの排気ガスが，空気圧縮機の送気やボンベ内の充填空気に混入した場合は，一酸化炭素中毒を起こすことがある。

(5) 一酸化炭素中毒の症状には，頭痛，めまい，吐き気，嘔吐などのほか，重い場合には意識障害，昏睡状態などがある。　（平成29年4月公表問題）

---

**【正解】**　誤っているものは，(2)。

赤血球中のヘモグロビンと結びついて酸素の運搬を阻害するために生じる障害は，**一酸化炭素中毒**です。生体にとって不可欠な酸素は，血液中のヘモグロビンによって供給されますが，一酸化炭素はこのヘモグロビンとの親和性（くっつきやすさ）が酸素の218倍と非常に強いため，吸気中に少量の一酸化炭素が含まれただけでほとんどのヘモグロビンが一酸化炭素と結合してしまい，酸素がヘモグロビンと結合する余地がなくなってしまいます。その結果，生体が機能を維持するために必要な酸素を供給することができなくな

り発症に至ります。

他の選択肢の解説は下記のとおりです。

(1)　ヘルメット式潜水では，その構造上，潜水器内に呼気が吐き出されます。呼気には二酸化炭素が多く含まれているので，それを再び吸いこんでしまうと吸気中の二酸化炭素濃度が高くなり，二酸化炭素中毒を起こす場合があります。これを防ぐためには，十分な送気量で確実に換気を行い，潜水器内の二酸化炭素濃度の上昇を防ぐことが必要です。

(3)　二酸化炭素中毒を発症すると，軽症の場合には軽い頭痛程度で済みますが，重症の場合には，心拍数が増加して血圧が上昇し，疲労感，異常発汗，不快感という症状が出るとともに，脳の動脈拡張のため，ひどい頭痛を生じます。さらに増悪すると悪心，嘔吐，めまい，呼吸促迫，顔面紅潮，錯乱等が生じ，ついには意識消失に至ります。また，二酸化炭素中毒は，酸素中毒や減圧症のリスクを高めます。

(4)　潜水における一酸化炭素中毒のほとんどは，呼吸ガスに空気圧縮機などのエンジンの排気ガスが混入することが原因です。したがって，エンジンの排気口と空気圧縮機の吸気口の間には充分な距離を置いておかなければなりません。また，充分な距離を置いていても，風向きによっては排気ガスが吸入口に流れ込むことがありますので，充分注意しておくことが必要です。潜水作業現場の近くに駐車した車の排気ガスが空気圧縮機に流入し，潜水士が一酸化炭素中毒を起こしたという事例もあります。

(5)　一酸化炭素は無色無臭の気体で，吸い込むと血液による酸素運搬が阻害され，体の各組織が酸素を効果的に利用できなくなります。血液中の一酸化炭素濃度が高くなりすぎると中毒を起こします。軽度の一酸化炭素中毒では，頭痛，吐き気，めまい，集中力の低下，嘔吐，眠気，協調運動障害が起こります。ほとんどの場合，軽度の一酸化炭素中毒は新鮮な空気を吸うことで回復します。中等度または重度の場合には，判断力の低下，錯乱，意識消失，けいれん発作，胸痛，息切れ，低血圧，昏睡などが起こります。特に重度の一酸化炭素中毒では，多くの場合死に至ります。

《ガス中毒②》

---

**【問79】**

　潜水業務における二酸化炭素中毒又は酸素中毒に関し，誤っているものは次のうちどれか。

(1)　二酸化炭素中毒の症状には，頭痛，めまい，体のほてり，呼吸困難などがある。

(2)　スクーバ式潜水では，二酸化炭素中毒は生じないが，ヘルメット式潜水では，ヘルメット内に吐き出した呼気により二酸化炭素濃度が高くなって中毒を起こすことがある。

(3)　ヘルメット式潜水においては，二酸化炭素中毒を予防するため，十分な送気を行う。

(4)　二酸化炭素中毒にかかると，酸素中毒，減圧症などにかかりやすくなる。

(5)　脳酸素中毒の症状には，吐き気，めまい，視野狭窄，痙攣発作などがある。

（平成30年10月公表問題）

---

**【正解】**　誤っているものは，(2)。

　**スクーバ式潜水でも二酸化炭素中毒を起こす**ことがあります。二酸化炭素中毒は，体内の二酸化炭素量が過剰になったために生じる障害ですが，潜水で二酸化炭素が体内に蓄積する原因は２つあります。ひとつは二酸化炭素を十分に排出できなかった場合です。スクーバ式潜水では呼吸ガスの消費量を少なくするために，呼吸回数を故意に減じたり，断続的な呼吸を行うことがありますが，このような場合には二酸化炭素の排出が十分行えないことがあります。潜水後の頭痛がその代表的なもので，ベテランの潜水者に多く見られる傾向にあります。２つ目は，二酸化炭素を多く含むガスを呼吸した場合で，いったん吐き出した呼気を再呼吸したときなどがこれにあたり，ヘルメット式潜水で充分な換気を行わなかったときに多く認められます。

　他の選択肢の解説は下記のとおりです。

(1)　二酸化炭素中毒の代表的な症状としては，前頭部の割れるような痛み，息切れ，顔面のほてり（顔面紅潮）や異常な発汗，筋肉のひきつけ，震え・

痙攣，意識喪失などがあります。吸気中の二酸化炭素が３％を超えると生理機能が変化し，血圧，心拍数等の変化が現れます。５％で呼吸困難から重度のあえぎが起こり，多くの人が30分ほどで中毒症状となります。10％で身体の調整機能不能となり約10分で意識不明，25％で呼吸低下，血圧低下，昏睡状態になりそのまま放置すれば数時間後には死に至ることになります。

(3)　潜水における二酸化炭素中毒の原因の多くは，二酸化炭素を多く含んだ呼気（吐き出した息）を再び吸気してしまう呼気再呼吸によるものです。通常の空気中の二酸化炭素濃度は0.04％程度ですが，呼気中では４％前後にもなるので，呼気を再呼吸するような状況では，容易に二酸化炭素が体内に蓄積します。ヘルメット式潜水では，潜水器のなかに呼気を吐き出しますので，換気が充分でない場合には，呼気を再呼吸することにより，二酸化炭素中毒を起こす可能性があります。一方スクーバ式潜水では，比較的死腔が小さく，呼気はそのまま水中に排気されますので，呼気再呼吸は起こりにくいと考えられています。

(4)　二酸化炭素には血管拡張作用があり，その結果血流量が増大するため，より多くの窒素や酸素が体内に取り込まれることになります。さらに血液中の二酸化炭素濃度が上昇すると，脳の呼吸中枢が刺激されて呼吸量が増大するため，体内に溶解する窒素や酸素の量も増えることになってしまいます。これら体内への気体の過剰な溶解により，酸素中毒や減圧症のリスクが増大することになります。

【問79】解説

(5)　脳酸素中毒の典型的な症状としては，てんかんの大発作のような痙攣発作があります。これは，突然意識がなくなり，体をいっぱいに反らしたかと思うと急に手足をバタバタさせる間代性の痙攣です。このような激しい症状のほかにも，顔面の細かな痙攣やめまい，吐き気，視野狭窄，手足の震えなどの症状が現れる場合もあります。このようなことが潜水中に生じれば，ただちに溺水などに至ります。そのため，高気圧作業安全衛生規則では，潜水中の呼吸酸素分圧の上限を定めています。

《ガス中毒③》

【問80】

潜水業務における二酸化炭素中毒に関し，誤っているものは次のうちどれか。

(1) 二酸化炭素中毒は，空気の送気量の不足によって肺でのガス交換が不十分となり，体内に二酸化炭素が蓄積して起きることがある。

(2) 二酸化炭素中毒の症状には，頭痛，めまい，体のほてり，意識障害などがある。

(3) 二酸化炭素が体内にたまると，酸素中毒，窒素酔い及び減圧症にかかりやすくなる。

(4) スクーバ式潜水では，呼気は水中に排出するので二酸化炭素中毒にかかることはない。

(5) 全面マスク式潜水では，口鼻マスクの装着が不完全な場合，漏れ出た呼気ガスを再呼吸し，二酸化炭素中毒にかかることがある。

(令和2年4月公表問題)

【正解】 誤っているものは，(4)。

デマンド・レギュレーターを使用するスクーバ式潜水では，レギュレーターの呼吸抵抗によって浅く速い呼吸を余儀なくされると，二酸化炭素の排出が十分にできなくなるため二酸化炭素中毒を起こす場合があります。二酸化炭素中毒に罹らないためには，大きくゆっくりとした呼吸を行い，十分に肺内の換気を行うことが必要です。ただし，大きく息を吸い込んだ後そのまま息を止め，その後ゆっくりと息を吐き出すといったいわゆるスキップブリージング（断続的な呼吸法）は二酸化炭素の排出に支障をきたすことがありますので注意が必要です。

他の選択肢の解説は下記のとおりです。

(1) 二酸化炭素中毒はヘルメット式潜水で比較的よくみられる障害です。ヘルメット式潜水では，潜水器のなかに呼気を吐き出します。呼気には二酸化炭素が多く含まれているので，それを再び吸いこんでしまうと二酸化炭素中毒を起こす場合があります。また，全面マスク式潜水でも作業量や運

動量が多い場合には，二酸化炭素中毒を生じる場合があります。これを防ぐためには，送気量を増やして十分な換気を行うことが必要です。

(2)　二酸化炭素中毒の代表的な症状としては，前頭部の割れるような痛み，息切れ，顔面のほてり（顔面紅潮）や異常な発汗，筋肉のひきつけ，震え・痙攣，意識喪失などがあります。

(3)　二酸化炭素には血管拡張作用があり，それによって血流量が増大するため，より多くの窒素や酸素が体内に取り込まれることになります。さらに血液中の二酸化炭素濃度が上昇すると，脳の呼吸中枢が刺激されて呼吸量が増大するため，体内に溶解する窒素や酸素の量も増えることになってしまいます。これら体内への気体の過剰な溶解により，酸素中毒や減圧症のリスクが増大することになります。

(5)　全面マスク式潜水器では，呼吸の死腔を減じるために口と鼻の部分を覆う口鼻マスクが装備されています。この部分が破損していたり，装着が不十分な場合には死腔が増えてしまうことになるため，換気能力が低下し呼気再呼吸による二酸化炭素中毒を来す場合があります。

## 《酸素中毒①》

【問81】

　潜水業務における酸素中毒に関し，次のうち誤っているものはどれか。
(1)　酸素中毒は，通常よりも酸素分圧が高いガスを呼吸すると起こる。
(2)　酸素中毒は，呼吸ガス中に二酸化炭素が多いときには起こりにくい。
(3)　酸素中毒は，肺が冒される肺酸素中毒と，中枢神経が冒される脳酸素中毒に大別される。
(4)　肺酸素中毒は，肺機能の低下をもたらし，致命的になることは通常は考えられないが，肺活量が減少することがある。
(5)　脳酸素中毒の症状の中には，痙攣発作があり，これが潜水中に起こると多くの場合致命的になる。

(平成28年4月公表問題)

【正解】 誤っているものは，(2)。

　**呼吸ガス中に二酸化炭素が多いときには，酸素中毒が起こりやすくなります。** 酸素中毒の主な原因は，酸素の過剰な摂取にありますが，呼吸ガスの二酸化炭素濃度が高いと，体内に取り込まれる二酸化炭素量が増えて呼吸中枢を強く刺激し，呼吸回数が増加するため，より多くの酸素を取り込むことになってしまいます。激しい運動や作業を行った場合にも，身体は，筋肉を活性させ代謝させるためにより多くの酸素を取り込もうとしますので，酸素中毒の促進要因となります。このほかに酸素中毒の促進要因としては，温度の変化や不安感，不適切な潜水器の使用などがあります。

　他の選択肢の解説は下記のとおりです。

(1)　酸素は，人が生命を維持するためにはなくてはならない重要な要素ですが，過剰な酸素は生体に悪影響を及ぼします。高い酸素分圧の毒性によって発生する臓器障害を「酸素中毒」といいます。酸素中毒の発症は酸素分圧と時間に依存し，症状が現れる主な臓器は，脳（中枢神経系）と肺であり，前者は急性ばく露で短時間に出現し，後者はある程度の時間経過後に発現します。1.4 〜 1.6気圧程度の酸素分圧の呼吸ガスを短時間呼吸したときには脳（中枢神経系）酸素中毒が，また酸素分圧0.5気圧以上の呼吸ガスを長時間呼吸したときには肺酸素中毒が生じます。

(3)　呼吸によって取り込まれた酸素は血液によって身体中にくまなく送られるため，酸素による中毒作用は，生体のあらゆるところに生じます。潜水で特に問題になるものは，脳酸素中毒と肺酸素中毒です。脳酸素中毒は比較的高い酸素分圧に短時間ばく露したときに発症するのに対し，肺酸素中毒はそれほど高くない酸素分圧に長時間ばく露した場合に発症します。

(4)　肺酸素中毒は，肺などの呼吸器系に炎症を生じる障害で，症状が長期にわたって持続することから慢性型酸素中毒とも呼ばれています。肺酸素中毒の特徴的な症状としては，前胸部の痛みや違和感，咳，喀痰，肺活量の減少などがあります。肺酸素中毒は，発症しても直ちに生命に危険を及ぼすことはありませんが，症状が進むと最後には呼吸困難に至りますので注

意が必要です。

(5) 脳酸素中毒の症状には，吐き気やめまい，不安感，視覚障害（特に視野
が狭くなる視野狭窄），耳鳴り，胸部の違和感，呼吸困難，筋肉の小さな
ふるえ，痙攣発作などがあげられますが，中でも重要なものは痙攣発作で
す。この痙攣発作は何の前触れもなく突然生じることが多く，このような
ことが潜水中に起これば，多くの場合で致命的な事態に陥ることになりま
す。


《酸素中毒②》

【問82】

潜水業務における酸素中毒に関し，誤っているものは次のうちどれか。

(1) 酸素中毒は，中枢神経が冒される脳酸素中毒と肺が冒される肺酸素中毒
に大きく分けられる。

(2) 脳酸素中毒の症状には，吐き気，めまい，痙攣発作などがあり，特に痙
攣発作が潜水中に起こると，多くの場合致命的になる。

(3) 肺酸素中毒は，致命的になることは通常は考えられないが，肺機能の低
下をもたらし，肺活量が減少することがある。

(4) 脳酸素中毒は，50kPa程度の酸素分圧の呼吸ガスを長時間呼吸したとき
に生じ，肺酸素中毒は，140〜160kPa程度の酸素分圧の呼吸ガスを短時
間呼吸したときに生じる。

(5) 炭酸ガス（二酸化炭素）中毒に罹患すると，酸素中毒にも罹患しやすく
なる。

（令和元年10月公表問題）

【正解】 誤っているものは，(4)。

酸素中毒の発症は酸素分圧と時間に依存します。症状が現れる主な臓器は，
脳（中枢神経系）と肺で，**脳酸素中毒は140〜160kPa程度の酸素分圧の呼
吸ガスを短時間呼吸した**ときに，**肺酸素中毒は50kPa程度の酸素分圧の呼吸
ガスを長時間呼吸した**ときに発現します。このため，高気圧作業安全衛生規

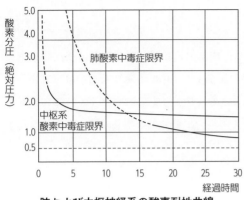

**肺および中枢神経系の酸素耐性曲線**

則では，呼吸酸素分圧の上限を定めるとともに，ばく露量単位（UPTD）によってばく露時間の管理を義務付けています。

他の選択肢の解説は下記のとおりです。

(1) 酸素による中毒作用は，酸素がいきわたる生体のあらゆる部分に生じる可能性がありますが，特に注意が必要なものは中枢神経系（脳）と肺の酸素中毒です。これらにはそれぞれ特色があり，脳酸素中毒が比較的高い酸素分圧に短時間ばく露した時に発症するのに対し，肺酸素中毒は比較的低い酸素分圧に長時間ばく露した場合に発症します。

(2) 脳酸素中毒は，視野狭窄，耳鳴り，吐き気，部分的な筋肉の引きつり（特に顔面），気分の変調，めまいなどの症状が出現し，放置すると全身性の痙攣発作に至ることになります。痙攣発作は何の前触れもなく突然生じることが多く，このようなことが潜水中に起これば多くの場合で致命的になります。したがって，脳酸素中毒の発生を予防することが，安全に潜水を行う上で重要です。

(3) 肺酸素中毒は，肺活量の低下，肺の柔軟性低下やガス交換機能の低下などの肺機能の低下をもたらしますが，脳酸素中毒とは異なり，生命を直接脅かすことはありません。しかしながら，肺酸素中毒の初期症状として咳嗽（せき）があり，これが潜水中で出現すれば動脈ガス塞栓症を引き起こす要因となるため注意が必要です。

(5) 炭酸ガス（二酸化炭素）中毒に罹患して動脈血中の炭酸ガス分圧が上昇すると脳血管が拡張します。この状態で酸素呼吸を行うと大量の酸素を含んだ血流が脳に送られてしまうため，脳酸素中毒が発現しやすくなると考

えられています。潜水中の呼吸ガス消費量を少なくするために意識的に低換気（スキップ・ブリージング）を行うダイバーは，炭酸ガスの蓄積を起こしやすいために酸素中毒のリスクが高くなります。潜水後にしばしば生じる頭痛は，この低換気のために軽度の炭酸ガス中毒が生じたことによるものと考えられます。

《窒素酔い①》

---

### 【問83】

窒素酔いに関し，誤っているものは次のうちどれか。

(1) 一般に，窒素分圧が0.4MPa前後になると，潜水作業者には窒素酔いの症状が現れる。
(2) 飲酒，疲労，大きな作業量，不安などは，窒素酔いを起こしやすくする。
(3) 窒素酔いにかかると，通常，気分が憂うつとなり，悲観的な考え方になる。
(4) 窒素酔いが誘因となって正しい判断ができず，重大な結果を招くことがある。
(5) 深い潜水における窒素酔いの予防のためには，呼吸ガスとして，空気の代わりにヘリウムと酸素の混合ガスなどを使用する。

(平成29年4月公表問題)

---

【正解】 誤っているものは，(3)。

窒素酔いにかかると，個人差はありますが，総じて**愉快な気分となり楽観的あるいは自信過剰**となります。窒素酔いにかかったからといって，通常は直ちに健康障害が生じるわけではありません。恐ろしいのは，窒素酔いによって，酒に酔ったときのように，愉快で大雑把な気分となり，細かいことにまで注意が届かなくなることです。潜水は水中という特殊な環境で行われますので，些細なことから重大な事態に至ることがあります。窒素酔いが誘因となって正しい判断が出来なくなると，このような事態に容易に陥ってしまいます。

他の選択肢の解説は下記のとおりです。

(1)　窒素酔いには個人差がありますが，空気潜水では，水深30m前後から主観的な窒素酔いの症状が現れ，40m前後からは比較的はっきりとした症状が認められるようになると言われています。窒素酔いは，潜水事故の誘因となることから，高気圧作業安全衛生規則では，吸気中の窒素分圧の上限を400kPa（0.4MPa）に定めています。これにより，空気潜水では潜水可能な水深は40mに制限されます。

(2)　窒素酔いを引き起こす要因としては，二酸化炭素の蓄積があげられます。窒素酔いのメカニズムは明らかではありませんが，脳神経細胞への大量の窒素溶解が原因であると考えられています。二酸化炭素の蓄積は血管を拡張させるため，脳への血流量が増加しやすくなり，結果的に窒素の溶解を促進します。飲酒や疲労，不安，大きな運動量等は，二酸化炭素蓄積を生じやすくなるため，窒素酔いの症状を強くしたり，窒素酔いに罹りやすくなると考えられています。

(4)　窒素酔いの症状としては，愉快な気分となって些細なことでも笑いだしたり，自信過剰となったり，筋道を立てて物事を考えることができなくなったりすることが知られています。このような精神状態に陥ると，自ら潜水器を外してしまったり，危険な場所に近づいたりするなど，通常では考えられない行為によって，潜水事故を起こすことになります。

(5)　窒素酔いは，窒素の麻酔作用によるものですので，大深度潜水では，窒素の代わりに麻酔作用がほとんど無いヘリウムを用い，これを酸素と組み合わせたヘリウム混合ガスを使用します。高気圧作業安全衛生規則では，吸気中の窒素分圧に制限を設けているため，空気潜水では水深40mより深く潜ることはできません。したがって，40m以深の潜水を行う場合には，呼吸ガスにヘリウム混合ガスを用いなければなりません。

《窒素酔い②》

【問84】

窒素酔いに関し，誤っているものは次のうちどれか。

(1) 深い潜水における窒素酔いの予防のためには，呼吸ガスとして，空気の代わりにヘリウムと酸素の混合ガスなどを使用する。

(2) 潜水深度が深くなると，吸気中の窒素が酸化するため，窒素酔いが起きる。

(3) 飲酒，疲労，大きな作業量，不安などは，窒素酔いを起こしやすくする。

(4) 窒素酔いにかかると，気分が愉快になり，総じて楽観的あるいは自信過剰になるが，その症状には個人差がある。

(5) 窒素酔いが誘因となって正しい判断ができず，重大な結果を招くことがある。

(平成29年10月公表問題)

【正解】 誤っているものは，(2)。

窒素酔いは，窒素の「**酸化**」ではなく「**麻酔作用**」によるもので，潜水深度が深くなり，それに伴って吸気中の窒素分圧が高くなるほど，麻酔作用は大きくなるため，窒素酔いが生じやすくなります。窒素酔いはその直接的な影響よりも，麻酔作用による精神神経機能の低下や判断力及び集中力の欠如が事故を引き起こす原因となる場合がほとんどです。

他の選択肢の解説は下記のとおりです。

(1) 窒素酔いは，窒素の麻酔作用によるものですので，大深度潜水では，窒素の代わりに麻酔作用がほとんど無いヘリウムを用い，これを酸素と組み合わせた混合ガスを使用します。大深度潜水では，高い水圧のために呼吸ガスの密度が大きくなり，呼吸抵抗を増大させます。密度の低いヘリウムを利用することは，呼吸抵抗の観点からも有効です。

(3) 窒素酔いを引き起こす要因としては，二酸化炭素の蓄積があげられます。窒素酔いのメカニズムは明らかではありませんが，脳神経細胞への大量の窒素溶解が原因であると考えられています。二酸化炭素の蓄積は血管を拡

解説【問84】

張させるため，脳への血流量が増加しやすくなり，結果的に窒素の溶解を促進します。飲酒や疲労，不安，大きな運動量等は，二酸化炭素蓄積を生じやすくするため，窒素酔いの症状を強くしたり，窒素酔いに罹りやすくなると考えられています。

(4)　窒素酔いには個人差がありますが，空気潜水の場合，一般的には水深30ｍ前後で主観的な窒素酔いの症状が現れ，40ｍ前後からは比較的はっきりとした症状が認められるようになります。具体的には，愉快な気分となり，些細なことでも笑いだしたり，記憶が悪くなったり，筋道を立てて物事を考えることができなくなったりします。

(5)　窒素酔いにかかったからといって，通常は直ちに健康に障害が生じるわけではありません。恐ろしいのは，窒素酔いによって，酒に酔ったときのように愉快で大雑把な気分となり，細かいことにまで注意が届かなくなることです。潜水は水中という特殊な環境で行われますので，些細なことから重大な事態に至ることがあります。窒素酔いが誘因となって正しい判断が出来なくなると，このような事態に容易に陥ることになります。

《減圧症①》

【問85】

　減圧症に関し，誤っているものは次のうちどれか。

(1)　減圧症は，通常，浮上後24時間以内に発症するが，長時間の潜水や飽和潜水では24時間以上経過した後でも発症することがある。

(2)　減圧症は，関節の痛みなどを呈する比較的軽症な減圧症と，脳・脊髄や肺が冒される重症な減圧症とに大別されるが，この重症な減圧症を特にベンズという。

(3)　チョークスは，血液中に発生した気泡が肺毛細血管を塞栓する重篤な肺減圧症である。

(4)　規定の浮上速度や浮上停止時間を順守しても減圧症にかかることがある。

(5) 減圧症は，潜水後に航空機に搭乗したり，高所への移動などによって低圧にばく露されたときに発症することがある。

(平成31年４月公表問題)

【正解】 誤っているものは，(2)。

　ベンズは減圧症の俗称のひとつであり，**症状の重篤度には関係ありません**。減圧症に罹患した人が痛みに耐えかねて膝や身体を曲げている様子から，特に英国で減圧症を示す用語としてベンズ（bends：曲がる）が使われるようになりました。ベンズは特定の症状を指すものではありません。例えば「皮膚のベンズ」や「痛みのみのベンズ」などの軽症例以外にも，「脊髄のベンズ」といった重症例にも使われることがあります。

　他の選択肢の解説は下記のとおりです。

(1) 減圧症は通常浮上後24時間以内に発症します。発症までの時間は潜水のパターンによって異なりますが，潜水時間が長いほど，発症までの時間が長くなる傾向にあります。特に長時間潜水となる飽和潜水では，浮上後24時間以上を経過した後でも発症が認められたケースがあります。

(3) 呼吸循環器型減圧症の特徴的な症状としてはチョークスがあります。チョークス（chokes：息が詰まる）は，その名が示すように息が詰まるように感じたり，息切れや呼吸困難を訴える重篤な症状です。これは肺が気泡に冒されたことによるものですが，肺の組織内に気泡が生じるわけではなく，無謀な減圧浮上によって体組織内に大量に発生した気泡が，肺毛細血管に押し寄せた結果，肺胞が損傷を受けることが原因となって症状が出現します。

(4) 潜水中に体内に溶解する窒素の量には，様々な要因が関係します。例えば，水中での作業が激しいものであれば，それだけ運動量も多くなり呼吸数も増えるため，体内に取り込まれる窒素量は増加することになります。

　　また，潜水者の個々の身体的条件や年齢も影響を及ぼします。例えば，脂肪は窒素が溶解しやすい組織ですので，痩せている人よりも太った人の

解説
【問85】

方が窒素溶解量は大きくなると考えられています。

　一方，減圧表に規定された浮上方法は，減圧理論に基づくガス動態の方程式によって導き出されたものです。この方程式は，時間と圧力の関数であり，作業強度や肥満度などの要因はほとんど考慮されていません。そのため，潜水業務時間表に規定された浮上を行っても，減圧症に罹ってしまう場合があります。窒素の溶解や排出には，先に示したように様々な要因が影響を及ぼしますが，これらを全て考慮した減圧表はありません。言い換えれば，100％減圧症を予防できる減圧表は存在していないということです。したがって，減圧症のリスクを回避するためには，窒素の溶解排出の仕組みを十分に理解し，個々の潜水の状況に合わせて，浮上時間の調整を図る必要があります。

(5)　潜水による浮上後には，たとえ所定の減圧を行っていたとしても，体内にはまだ多くの窒素が溶解しています。これは呼吸によって排出され次第に低下していき，最終的には大気中の窒素分圧と同等になりますが，それに至る前に航空機への搭乗や高所移動などによって低圧にばく露されると，環境圧力の低下によって，再び窒素過飽和状態となり，減圧症を発症することになります。これを予防するためには，潜水直後には標高300m以上の高所に行かないこと，また潜水後の航空機搭乗は12 ～ 24時間程度のインターバルをとることが必要です。


《減圧症②》

【問86】

　減圧症に関し，誤っているものは次のうちどれか。
(1)　皮膚の痒みや皮膚に大理石斑ができる症状はしばらくすると消え，より重い症状に進むことはないので特に治療しなくてもよい。
(2)　減圧症は，皮膚の痒み，関節の痛みなどを呈する比較的軽症な減圧症と，脳，肺などが冒される比較的重症な減圧症とがある。
(3)　規定の浮上速度や浮上停止時間を順守しても減圧症にかかることがある。

- (4) 減圧症は，高齢者，最近外傷を受けた人，脱水症状の人などが罹患しやすい。
- (5) 作業量の多い重筋作業の潜水は，減圧症に罹患しやすい。

（令和元年10月公表問題）

**【正解】** 誤っているものは，⑴。

　減圧による気泡が皮膚の血流を阻害して，皮膚に斑点状の模様が現れる大理石斑は重症の皮膚症状であり，**重篤な中枢神経型減圧症などに発展する場合があります。**

　減圧症による皮膚症状には，かゆみや丘疹，発赤，大理石斑などがあり，痛みを伴う場合もあります。皮膚症状は，数時間のうちに消失することが多く，軽症の減圧症と見なされていますが，かゆみは，重篤な脊髄型減圧症による知覚異常の症状である場合があり，かゆみがひどくなっていくような時には注意が必要です。また丘疹や発赤にはむくみを伴う場合がありますが，あごや肩の部分に発赤等を伴わないむくみが現れることがあります。これは，窒素気泡によってリンパ管が塞がれてしまったことによるもので，重篤な中枢神経型減圧症の前駆症状である可能性がありますので，このような症状が認められた場合には，再圧治療の実施を検討します。

　他の選択肢の解説は下記のとおりです。

⑵　減圧症の症状には様々なものがあり，「インフルエンザは発熱」，「食中毒は下痢や嘔吐」といったような特異な症状がありません。そのため減圧症の鑑別診断は容易ではなく，発症部位やその症状など

**減圧症の分類**

Ⅰ型減圧症
　a）皮膚掻痒感（かゆみ）
　b）皮膚の発赤　大理石斑
　c）筋肉あるいは関節の痛み
　d）リンパ浮腫
Ⅱ型減圧症
　a）脊髄－知覚障害，運動障害，直腸膀胱障害等
　b）悩－頭痛，意識障害，痙攣発作等
　c）肺（チョークス）－前胸部違和感，胸痛，咳，喀痰等
　d）内耳－めまい，吐き気，耳鳴等
　e）ショック
　f）腹痛，腰痛等
　g）その他

から評価されています。評価方法として決まったものはありませんが，以前から I 型，II 型という評価方法が用いられています。I 型は痛みやかゆみのみが生じるもので，比較的軽症の減圧症と考えられています。それ以外は II 型に分類され，重症減圧症として処置が行われます。I 型には，皮膚のかゆみ，疼痛，発疹を呈する皮膚型と四肢の関節・筋肉痛などの筋肉関節型減圧症（ベンズ）などが含まれます。一方 II 型には，前胸部痛や呼吸困難，ショックなどを呈する呼吸循環器型減圧症（チョークス），重篤な運動麻痺や感覚障害などの中枢神経型，めまいや嘔気などの内耳型などがあります。

(3) 減圧表に規定された浮上速度や浮上停止時間等は，減圧理論に基づくガス動態の方程式によって導き出されたものです。この方程式は，時間と圧力の関数であり，作業強度や肥満度などの要因はほとんど考慮されていません。そのため，潜水業務時間表に規定された浮上を行っても，減圧症に罹ってしまう場合があります。減圧症リスクに影響する窒素の溶解や排出には，様々な要因が影響を及ぼしますが，これらを全て考慮した減圧表はありません。言い換えれば，100%減圧症を予防できる減圧表は存在していないということです。したがって，減圧症のリスクを回避するためには，個々の潜水者や潜水の状況に合わせて，浮上時間の延長などの安全対策を検討することが必要です。

(4) 減圧症のリスクを高める要因には様々なものがありますが，年齢もその一つと考えられています。高齢者の場合，加齢による心肺機能の低下から気泡が出現しやすくなっている可能性があります。また，外傷や手術を受けた部位は減圧症に罹患しやすいという報告もあります。脱水状態は，窒素の排出に大きな影響を及ぼす循環の観点から望ましくありません。このほか，二酸化炭素中毒に罹った場合も減圧症に罹患しやすくなっていると考えられています。

(5) 減圧症の発症には，潜水中に体内に蓄積された窒素量が大きく影響します。窒素は呼吸によって取り込まれ，血流によって体内の組織に溶解蓄積

します。作業量の多い重筋作業や，強潮流下の潜水で激しい遊泳を余儀なくされるような場合には，強い運動強度により呼吸量や血流量が増加するため，体内への窒素の蓄積量も増大し，結果的に減圧症のリスクを高めることになります。

《健康管理①》

【問87】

　潜水作業者の健康管理に関し，誤っているものは次のうちどれか。
(1)　潜水作業者に対する健康診断では，四肢の運動機能検査，鼓膜・聴力の検査，肺活量の測定などのほか，必要な場合は，作業条件調査などを行う。
(2)　胃炎は，医師が必要と認める期間，潜水業務に就業することが禁止される疾病に該当しない。
(3)　貧血症は，医師が必要と認める期間，潜水業務に就業することが禁止される疾病に該当しない。
(4)　アルコール中毒は，医師が必要と認める期間，潜水業務に就業することが禁止される疾病に該当する。
(5)　減圧症の再圧治療が終了した後しばらくは，体内にまだ余分な窒素が残っているので，そのまま再び潜水すると減圧症を再発するおそれがある。

(令和2年4月公表問題)

【正解】　誤っているものは，(3)。

　貧血症は，**潜水業務への就業が禁止されている疾病**です。高気圧作業安全衛生規則［第41条（病者の就業禁止）］では，以下の疾病のいずれかに罹っている労働者については，医師が必要と認める期間，潜水業務への就業を禁止しなければならないと規定しています。

＜対象となる疾病＞
　1)　減圧症その他高気圧による障害又はその後遺症
　2)　肺結核その他呼吸器の結核又は急性上気道感染，じん肺，肺気腫その他呼吸器系の疾病

3) 貧血症，心臓弁膜症，冠状動脈硬化症，高血圧症その他血液又は循環器系の疾病

4) 精神神経症，アルコール中毒，神経痛その他精神神経系の疾病

5) メニエル氏病又は中耳炎その他耳管狭さくを伴う耳の疾病

6) 関節炎，リウマチスその他運動器の疾病

7) ぜんそく，肥満症，バセドー氏病その他アレルギー性，内分泌系，物質代謝又は栄養の疾病

他の選択肢の解説は下記のとおりです。

(1) 潜水業務に従事するものは，6か月以内ごとに以下に示すような特定の項目について健康診断を受けなければなりません。

［高気圧作業安全衛生規則第38条（健康診断)]

＜健康診断の項目＞

① 既往歴及び高気圧業務歴の調査

② 関節，腰若しくは下肢の痛み，耳鳴り等の自覚症状又は他覚症状の有無の検査

③ 四肢の運動機能の検査

④ 鼓膜及び聴力の検査

⑤ 血圧の測定並びに尿中の糖及び蛋白の有無の検査

⑥ 肺活量の測定

上記の健康診断の際に，医師が必要と判断した場合には，通常行われる項目以外に下記に示す4項目について追加の健康診断を行う必要があります。

＜健康診断追加項目＞

⑦ 作業条件調査

⑧ 肺換気機能検査

⑨ 心電図検査

⑩ 関節部のエックス線直接撮影による検査

(2) 胃炎など消化器系の疾患は，潜水業務への就業が禁止される疾病には指

定されていません。

⑷　アルコール中毒などの精神神経系の疾病に罹っているものは，潜水業務
への就業が禁じられています。

⑸　再圧治療が終了した後でも，体内にはまだ窒素気泡が残っている場合が
あります。実際，１回の再圧治療では症状が回復せず，複数回の再圧治療
を要するケースがあり，２回目以降の治療でも加圧によって症状の緩和が
認められることから，減圧症の原因である窒素気泡が残存していることが
予想されています。気泡化した窒素は患部に留まりやすく，また気泡内か
ら気泡外への窒素の移動も容易ではないため，完全に消失させるのは容易
ではありません。また，症状が出現した部位は組織が変形し，気泡が出来
やすい状態になっている可能性があります。したがって，再圧治療後の潜
水再開に際しては，医師による確認が必要です。


《健康管理②：病者の就業禁止》

【問88】
　医師が必要と認める期間，潜水業務への就業が禁止される疾病に該当しな
いものは，次のうちどれか。
⑴　貧血症
⑵　胃炎
⑶　アルコール中毒
⑷　リウマチ
⑸　肥満症　　　　　　　　　　　　　　　　　　　　　（平成31年４月公表問題）

解説【問88】

【正解】　該当しないものは，⑵。

　胃炎は，潜水業務への就業が禁止される疾病には指定されていません。高
気圧作業安全衛生規則［第41条（病者の就業禁止）］では，「事業者は，以下
の疾病のいずれかに罹っている労働者については，医師が必要と認める期間，
潜水業務への就業を禁止しなければならない」と規定しています。

＜対象となる疾病＞

1) 減圧症その他高気圧による障害又はその後遺症
2) 肺結核その他呼吸器の結核又は急性上気道感染，じん肺，肺気腫その他呼吸器系の疾病
3) **貧血症**，心臓弁膜症，冠状動脈硬化症，高血圧症その他血液又は循環器系の疾病
4) 精神神経症，**アルコール中毒**，神経痛その他精神神経系の疾病
5) メニエル氏病又は中耳炎その他耳管狭さくを伴う耳の疾病
6) 関節炎，**リウマチス**その他運動器の疾病
7) ぜんそく，**肥満症**，バセドー氏病その他アレルギー性，内分泌系，物質代謝又は栄養の疾病

《一次救命処置①》

---

**【問89】**

　一次救命処置に関し，誤っているものは次のうちどれか。

(1) 傷病者の反応の有無を確認し，反応がない場合には，大声で叫んで周囲の注意を喚起し，協力を求める。

(2) 気道の確保は，頭部後屈あご先挙上法によって行う。

(3) 胸と腹部の動きを観察し，胸と腹部が上下に動いていない場合，よくわからない場合には，心停止とみなし，心肺蘇生を開始する。

(4) 心肺蘇生は，胸骨圧迫30回に人工呼吸２回を交互に繰り返して行う。

(5) 胸骨圧迫は，胸が約５cm沈む強さで胸骨の下半分を圧迫し，１分間に少なくとも60回のテンポで行う。

（令和元年10月公表問題）

---

**【正解】** 誤っているものは，(5)。

　胸骨圧迫は，胸が５cm沈む強さで胸骨の下半分を圧迫し，**１分間に100〜120回の速さ**で，絶え間なく（中断は最低限に）行います。

　胸骨圧迫は心肺蘇生法の中心を成す対処法で，心臓が麻痺したり，停止し

たりして血液を送り出せない場合に，心臓のポンプ機能を代行するために行うもので，その手順は以下の通りです。

＜胸骨圧迫の手順＞

① 傷病者を固い床面に上向きで寝かせる

② 救助者は傷病者の片側，胸のあたりに両ひざをつき，傷病者の胸骨の下半分（胸の中央付近）に片方の手の手掌基部を置き，その上にもう一方の手を重ね，上に重ねた手の指で下の手の指を引き上げる

③ 両肘を伸ばし，脊柱に向かって垂直に体重をかけて，胸骨を約5cm押し下げる

④ 手を胸骨から離さずに，速やかに力を緩めて元の高さに戻す

⑤ 胸骨圧迫は1分間当たり100〜120回の速さで30回続けて行う

他の選択肢の解説は下記のとおりです。

⑴ 傷病者の反応を確かめるために，大きな声をかけ，肩を軽くたたいて反応（意識）の有無を確認します。反応がなかったり鈍い場合は，大声で周囲の注意を喚起して協力者を求め，119番通報とAEDの手配を依頼します。

⑵ 傷病者の気道を確保するために，一方の手を傷病者の額に，他方の手の人差し指と中指を下顎の先に当て，下顎を引き下げるようにして，頭部を後方に傾けます。これを，頭部後屈あご先挙上法といいます。

解説【問89】

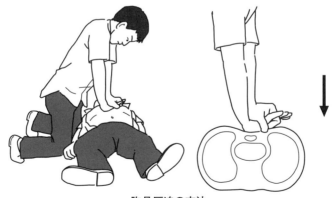

**胸骨圧迫の方法**

⑶　傷病者が心停止を起こしているかを判断するために，呼吸を確認します。その際，まず傷病者の胸部と腹部の動きを注意して観察します。胸部と腹部に動きがない場合や普段通りの呼吸がない場合，あるいはその判断に自信が持てない場合には，心肺蘇生のため胸骨圧迫を開始します。このとき，呼吸の確認は10秒以内とします。

⑷　心肺蘇生を効果的に行うために胸骨圧迫と人工呼吸を組み合わせて行います。このとき，**胸骨圧迫を30回連続して行った後に，人工呼吸を2回行います。**この胸骨圧迫と人工呼吸の組み合わせ（30：2のサイクル）を，救急隊に引き継ぐまで続けます。ただし，人工呼吸をする技術や意思を持たない場合は，胸骨圧迫だけを行います。

《一次救命処置②》

【問90】

一次救命処置に関し，正しいものは次のうちどれか。
⑴　気道を確保するためには，仰向けにした傷病者のそばにしゃがみ，後頭部を軽く上げ，あごを下方に押さえる。
⑵　傷病者に普段どおりの息がない場合は，人工呼吸をまず1回行い，その後30秒間は様子を見て，呼吸，咳，体の動きなどがみられない場合に，胸骨圧迫を行う。
⑶　胸骨圧迫と人工呼吸を行う場合は，胸骨圧迫10回に人工呼吸1回を繰り返す。
⑷　胸骨圧迫は，胸が約5cm沈む強さで胸骨の下半分を圧迫し，1分間に100～120回のテンポで行う。
⑸　AED（自動体外式除細動器）を用いて救命処置を行う場合には，胸骨圧迫や人工呼吸は，一切行う必要がない。　　　　（令和2年4月公表問題）

【正解】　正しいものは，⑷。

　胸骨圧迫は心肺蘇生法の中心を成す対処法で，心停止した人の胸の心臓のあたりを両手で圧迫して血液の循環を促します。胸骨の下半分，胸の真ん中

に手の付け根を置き，強く（約5cm
沈み込むように），速く（1分間に
100 ～ 120回の速さ），絶え間なく（中
断は最低限に）行います。

　他の選択肢の解説は下記のとおり
です。

(1)　気道確保の方法としては，まず
　　仰向けに寝かせた傷病者の顔を横
　　から見る位置に座り，片手で傷病
　　者の額をおさえながら，もう片方

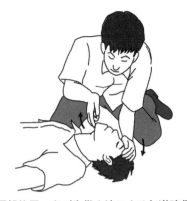

**頭部後屈・あご先拳上法による気道確保**

の手の指先を傷病者のあごの先端にあて，**あごを持ち上げる**ようにします。
これによって，被害者の咽頭が広がり，気道が確保されます。気道が閉塞
した状態では，人工呼吸を実施しても効果はまったくありませんので，被
害者に意識がない場合には，直ちに気道を確保しなければなりません。

(2)　傷病者に反応がない場合や普段通りの呼吸をしていない場合には，**直ち**
　　**に心肺蘇生（胸骨圧迫）を開始**します。

(3)　心肺蘇生を効果的に行うために胸骨圧迫と人工呼吸を組み合わせて行い
　　ます。このとき，**胸骨圧迫を30回連続して行った後に，人工呼吸を2回行**
　　**います**。この胸骨圧迫と人工呼吸の組み合わせ（30：2のサイクル）を，
　　救急隊に引き継ぐまで続けます。ただし，人工呼吸をする技術や意思を持
　　たない場合は，胸骨圧迫だけを行います。

(5)　救命処置が必要で，AED（自動体外式除細動器）の利用が可能な場合，
　　AEDの準備ができるまで，**人工呼吸や胸骨圧迫などの心肺蘇生を行いま**
　　**す**。AEDによる電気ショックを1回行った後は，呼吸や脈の確認を行わ
　　ずにただちに胸骨圧迫から心肺蘇生を再開します。2分経過するとAED
　　が再び心電図の解析を実施し，必要であれば電気ショックを行います。そ
　　の後また心肺蘇生を再開し，救急隊に引き継ぐまでこのサイクルを繰り返
　　します。

〔問90〕解説

【コラム】新型コロナウイルス感染症の流行を踏まえた
「救急蘇生法の指針2015」の追補について（参考）

　新型コロナウイルス感染症の流行を踏まえ，令和2年7月に厚生労働省より標記追補が公表されました（作成：一般社団法人日本救急医療財団 心肺蘇生法委員会）。その要点は下記のとおりです。

## 1．基本的考え方

○胸骨圧迫のみの場合を含め心肺蘇生はエアロゾル（ウイルスなどを含む微粒子が浮遊した空気）を発生させる可能性があるため，新型コロナウイルス感染症が流行している状況においては，すべての心停止傷病者に感染の疑いがあるものとして対応する。

○成人の心停止に対しては，人工呼吸を行わずに胸骨圧迫とAEDによる電気ショックを実施する。

## 2．救急蘇生法の具体的手順

○「反応の確認」「呼吸の観察」の際の留意点

　確認や観察の際に，傷病者の顔と救助者の顔があまり近づきすぎないようにする。

○「胸骨圧迫」の際の留意点

　エアロゾルの飛散を防ぐため，胸骨圧迫を開始する前に，ハンカチやタオルなどがあれば傷病者の鼻と口にそれをかぶせる。マスクや衣服などでも代用できる。

○「胸骨圧迫と人工呼吸の組み合わせ」の際の留意点

　成人に対しては，救助者が講習を受けて人工呼吸の技術を身につけていて，人工呼吸を行う意思がある場合でも，人工呼吸は実施せずに胸骨圧迫だけを続ける。

○「心肺蘇生」の実施の後の留意点

　救急隊の到着後に，傷病者を救急隊員に引き継いだあとは，速やかに石鹸と流水で手と顔を十分に洗う。傷病者の鼻と口にかぶせたハンカチやタオルなどは，直接触れないようにして廃棄するのが望ましい。

　　　※上記手順に記載のない点は，従来どおりの一次救命処置を実施する。

　　　※子どもの心停止に対しては，講習を受けて人工呼吸の技術を身につけていて，人工呼吸を行う意思がある場合には，人工呼吸も実施する。

# 4．関係法令

《空気槽①》

【問91】

　全面マスク式潜水による潜水作業者に空気圧縮機を用いて送気し，最高深度40mまで潜水させる場合に，最小限必要な予備空気槽の内容積$V$(L)を求める次の式中のAの数値として，法令上，正しいもの，及びBの計算結果として，最も近いものの組合せは，(1)～(5)のうちどれか。

　ただし，$D$は最高の潜水深度（m）であり，$P$は予備空気槽内の空気圧力（MPa，ゲージ圧力）で最高潜水深度における圧力（ゲージ圧力）の1.5倍とする。

$$V = \frac{\boxed{A} \times (0.03D + 0.4)}{P} = \boxed{B}$$

|  | A | B |
|---|---|---|
| (1) | 40 | 85 |
| (2) | 40 | 96 |
| (3) | 40 | 107 |
| (4) | 60 | 128 |
| (5) | 60 | 160 |

（平成30年4月公表問題）

【正解】　正しいものは，(3)。

　全面マスク式潜水では，圧力調整器を用いることから，予備空気槽の内容積の計算方法は以下の式により算出される値以上でなければなりません。

◇潜水作業者に圧力調整器を使用させる場合の計算方法：

$$V = \frac{40(0.03D + 0.4)}{P}$$

上式において，$V$：予備空気槽の内容積（L）

$D$：最高の潜水深度（m）

$P$：予備空気槽内の空気の圧力（MPa）

問題には，「最高深度40mまで潜水する」ことと「$P$は予備空気槽内の空気圧力（MPa，ゲージ圧力）で最高潜水深度における圧力（ゲージ圧力）の1.5倍とする」ことが示されています。最高深度40mを圧力（MPa，ゲージ圧力）で示すと0.4MPaとなります。したがって，予備空気槽内の圧力$P$は，0.4×1.5＝0.6MPaとなります。これらを式にあてはめれば，予備空気槽の内容積が得られます。すなわち，$D$は40（m），$P$は0.6（MPa）ですので，

$$V = \frac{40 \ (0.03 \times 40 + \ 0.4)}{0.6} = \frac{64}{0.6} = 106.66\cdots \fallingdotseq 107(\mathrm{L})$$

となり，最小限必要な予備空気槽の内容積$V$は107Lであることが分かります。式から，計算に必要な係数Aは40ということが分かりますので，選択肢のうちAが「40」，Bが「107」となっている(3)が正解となります。

予備空気槽の内容積は計算によって得られた値以上であることが求められていますので，小数点以下は四捨五入ではなく，切り上げとして考えるとよいでしょう。予備空気槽に貯めることができる空気量は，事故などのために潜水者への送気が停止した場合に，潜水場所での移動に2分，水面までの浮上に2分の計4分の空気量を想定したものですので，計算によって得られた値より少なくなってはなりません。

なお，同じ条件で，使用する潜水器が圧力調整器を使用しない場合（ヘルメット式潜水の場合）には，式の係数が「60」となり，式から得られる内容積も「160（L）」となりますので，選択肢の(5)に相当することになります。

［高気圧作業安全衛生規則第8条（空気槽）］
［平成26年厚生労働省告示第457号第1条（予備空気槽の内容積の計算方法）］

《空気槽②》

【問92】

空気圧縮機によって送気を行い，潜水作業者に圧力調整器を使用させて潜水業務を行わせる場合，潜水作業者ごとに備える予備空気槽の最少量の内容積 $V$ (L) を計算する式は，法令上，次のうちどれか。

ただし，$D$は最高の潜水深度（m），$P$は予備空気槽内の空気のゲージ圧（MPa）を示す。

(1) $V = \dfrac{40(0.03D + 0.4)}{P}$

(2) $V = \dfrac{40(0.03P + 0.4)}{D}$

(3) $V = \dfrac{60(0.03D + 0.4)}{P}$

(4) $V = \dfrac{60(0.03P + 0.4)}{D}$

(5) $V = \dfrac{80(0.03D + 0.4)}{P}$

（平成30年10月公表問題）

【正解】 正しいものは，(1)。

潜水作業者に，空気圧縮機によって送気を行うときには，送気を受ける潜水作業者ごとに，送気を調節するための空気槽および事故の場合に必要な空気をたくわえておく予備空気槽を設けなければなりません。また，この予備空気槽は，次の要件に適合するものでなければなりません。

＜予備空気槽の要件＞

1) 予備空気槽内の空気圧力は，常時，最高の潜水深度における圧力の1.5倍以上であること。

2) 予備空気槽の内容積は，厚生労働大臣が定める方法により計算した値以上であること。

［高気圧作業安全衛生規則第8条（空気槽）］

厚生労働大臣が定める予備空気槽の計算式は，潜水作業者に圧力調整器を

解説
【問92】

265

使用させる場合とそうでない場合によって異なります。

［平成26年厚生労働省告示第457号第1条（予備空気槽の内容積の計算方法）］

すなわち，

◇潜水作業者に圧力調整器を使用させる場合：

$$V = \frac{40(0.03D + 0.4)}{P}$$

◇潜水作業者に圧力調整器を使用させない場合：

$$V = \frac{60(0.03D + 0.4)}{P}$$

上式において，$V$：予備空気槽の内容積（L）

$D$：最高の潜水深度（m）

$P$：予備空気槽内の空気の圧力（MPa）

　問題には，「潜水作業者に圧力調整器を使用させて潜水業務を行わせる場合」とありますので，(1)が正解となります。上記に示した2つの式のうち，「圧力調整器を使用させる場合」は全面マスク式潜水の場合に，「圧力調整器を使用させない場合」はヘルメット式潜水の場合に用います。2つの式の違いは，計算に用いる係数が「40」であるか「60」なのかという点だけです。これは，必要な送気量の違いによるもので，「圧力調整器を使用させる場合」に必要な送気量は毎分40L以上，「圧力調整器を使用させない場合」のそれは毎分60L以上とすることが規則によって定められています。

［高気圧作業安全衛生規則第28条（送気量及び送気圧）］

## 《空気槽③》

**【問93】**

　空気圧縮機によって送気を行い，潜水作業者に圧力調整器を使用させて，最高深度が20mの潜水業務を行わせる場合に，最小限必要な予備空気槽の内容積 $V$(L) に最も近いものは，法令上，次のうちどれか。

　ただし，イ又はロのうち適切な式を用いて算定すること。

　なお，$D$は最高の潜水深度（m）であり，$P$は予備空気槽内の空気圧力（MPa，ゲージ圧力）で0.7MPa（ゲージ圧力）とする。

　　イ　$V = \dfrac{40(0.03D+0.4)}{P}$

　　ロ　$V = \dfrac{60(0.03P+0.4)}{P}$

(1)　50L

(2)　58L

(3)　67L

(4)　75L

(5)　86L

（令和2年4月公表問題）

**【正解】**　正しいものは，(2)。

　送気式潜水に必要な予備空気槽の内容積の算出に用いる計算式は，潜水方式によって異なります。すなわち，潜水器に圧力調整器を使用する場合（全面マスク式潜水等）にはイから，圧力調整器を使用しない場合（ヘルメット式）はロから得られる値が必要最小限の内容積となります。

　設問中に「潜水作業者に圧力調整器を使用させる潜水業務を行わせる場合」とありますので，予備空気槽に必要な内容積はイから求めることができます。式イには$D$と$P$の2つの変数がありますが，このうち$D$には最高の潜水深度を，$P$には予備空気槽内の空気圧力を代入します。設問中で最高深度は20m，予備空気槽内の空気圧力は0.7MPaと示されていますので，これらの値を式イに代入すれば，

$$V = \frac{40(0.03D + 0.4)}{P} = \frac{40(0.03 \times 20 + 0.4)}{0.7} \fallingdotseq 57.143$$

となります。したがって，空気槽の内容積$V$は少なくとも57.143L以上でなければなりません。選択肢のうち(1)以外はすべてこの値以上となっていますが，問題には「最小限必要な予備空気槽の内容積$V$（L）に最も近いもの」とありますので，(2)58Lが最も近い値となります。

［高気圧作業安全衛生規則第8条（空気槽）］
［平成26年厚生労働省告示第457号第1条（予備空気槽の内容積の計算方法）］

## 《送気設備①》

### 【問94】

　次の文中の 　　　 内に入れるA及びBの数値の組合せとして，法令上，正しいものは(1)〜(5)のうちどれか。
　「潜水作業者に圧力調整器を使用させる場合には，潜水作業者ごとに，その水深の圧力下において毎分 　A　 L以上の送気を行うことができる空気圧縮機を使用し，かつ，送気圧をその水深の圧力に 　B　 MPaを加えた値以上としなければならない。」

| | A | B |
|---|---|---|
| (1) | 70 | 0.7 |
| (2) | 60 | 0.8 |
| (3) | 60 | 0.6 |
| (4) | 40 | 0.8 |
| (5) | 40 | 0.7 |

（平成30年4月公表問題）

【正解】　正しいものは，(5)。

　潜水作業者に全面マスク式潜水など，圧力調整器（レギュレーター）を装備した潜水器を使用させて潜水業務を行わせる場合には，潜水作業者ごとに，

その**水深の圧力下における送気量を，毎分40L以上とし，かつ，送気圧をその水深の圧力に0.7MPaを加えた値以上としなければなりません**。したがって，「Ａ」は［40］，「Ｂ」は［0.7］の組合せである(5)が正解となります。なお圧力調整器を装備しない潜水器（ヘルメット式潜水等）を使用させる場合には，潜水作業者ごとに，その水深の圧力下における送気量を毎分60L以上とすることが義務付けられています。

［高気圧作業安全衛生規則第28条（送気量及び送気圧）］

《送気設備②》

【問95】

　空気圧縮機により送気する場合の設備に関し，法令上，誤っているものは次のうちどれか。
(1)　送気を調節するための空気槽は，潜水作業者ごとに設けなければならない。
(2)　予備空気槽内の空気の圧力は，常時，最高の潜水深度に相当する圧力以上でなければならない。
(3)　送気を調節するための空気槽が予備空気槽の内容積等の基準に適合するものであるときは，予備空気槽を設けることを要しない。
(4)　予備空気槽の内容積等の基準に適合する予備ボンベを潜水作業者に携行させるときは，予備空気槽を設けることを要しない。
(5)　潜水作業者に圧力調整器を使用させるときは送気圧を計るための圧力計を，それ以外のときは送気量を計るための流量計を設けなければならない。

（平成31年４月公表問題）

解説 ［問94］→［問95］

【正解】　誤っているものは，(2)。

　予備空気槽内に蓄える空気の圧力は，「**最高の潜水深度に相当する圧力以上**」ではなく，「**最高の潜水深度における圧力の1.5倍以上**」でなければなりません。

　また，予備空気槽に必要な内容積は，「予備空気槽の内容積は，厚生労働大臣が定める方法により計算した値以上であること（高圧則第8条第2項第2号）」とされており，その値は以下の方法で算出します。

≪予備空気槽の内容積計算方法≫

　1)　潜水作業者に圧力調整器を使用させる場合（全面マスク式等）

$$V = \frac{40(0.03\,D + 0.4)}{P}$$

　この式において，V，D及びPは，それぞれ次の数値を表すものとする（次号において同じ）。

$\begin{cases} V：予備空気槽の内容積（L）\\ D：最高の潜水深度（m）\\ P：予備空気槽内の空気の圧力（MPa）\end{cases}$

　2)　前項に掲げる場合以外の場合（ヘルメット式）

$$V = \frac{60(0.03\,D + 0.4)}{P}$$

［高気圧作業安全衛生規則第8条（空気槽）］
［平成26年厚生労働省告示第457号第1条（予備空気槽の内容積の計算方法）］

　他の選択肢の解説は下記のとおりです。

(1)　空気圧縮機を使用する送気式潜水においては，送気を調整するための空気槽（調整空気槽）と事故の場合に必要な空気を貯えておく空気槽（予備空気槽）を潜水作業者ごとにそれぞれ一式ずつ設けなければなりません。一式の空気槽から複数の潜水作業者に送気することはできません。

［高気圧作業安全衛生規則第8条（空気槽）］

(3)　送気式潜水では，潜水作業者ごとに調整空気槽と予備空気槽を設けなければなりませんが，調整空気槽の容積が十分に大きく，予備空気槽に求められる容積をも兼ねることができる場合にも，予備空気槽を省くことができます。

［高気圧作業安全衛生規則第8条（空気槽）］

(4) 送気式潜水で潜水作業者が緊急ボンベ（ベイルアウトボンベ）を携行する場合，緊急ボンベの空気容量が予備空気槽の基準に適合する場合には，予備空気槽の設置を省略することが認められています。

［高気圧作業安全衛生規則第8条（空気槽）］

(5) 空気圧縮機による送気で潜水作業を行う場合，潜水作業者に圧力調整器を使用させるときには圧力計を，それ以外のときには流量計を設けなければなりません。全面マスク式潜水では，レギュレーターと呼ばれる圧力調整器を潜水器として利用していますので，送気系統に圧力計を設けなければなりませんが，流量計は必ずしも必要ではありません。一方，圧力調整器を使用しない定量送気式のヘルメット式潜水では，流量計は必須となります。なお，いずれの場合においても送気する空気を清浄にする装置（空気清浄装置）の設置は必要です。

［高気圧作業安全衛生規則第9条（空気清浄装置，圧力計及び流量計）］

《送気設備③》

【問96】

　潜水作業者に圧力調整器を使用させない潜水方式の場合，大気圧下で送気量が毎分210Lの空気圧縮機を用いて送気するとき，法令上，潜水できる最高の水深は，次のうちどれか。

(1) 20m
(2) 25m
(3) 30m
(4) 35m
(5) 40m

（平成28年4月公表問題）

【正解】　正しいものは，(2)。

　潜水作業者への送気量並びに圧力については，以下のように定められています。

① 空気圧縮機又は手押ポンプにより潜水作業者に送気するときは，潜水作業者ごとに，その水深の圧力下における送気量を，毎分60L以上としなければならない。

② 前項の規定にかかわらず，潜水作業者に圧力調整器を使用させる場合には，潜水作業者ごとに，その水深の圧力下における送気量を毎分40L以上とし，かつ，送気圧をその水深の圧力に0.7MPa加えた値以上としなければならない。

　すなわち，送気量に関しては，ヘルメット式潜水器のように圧力調整器を使用しない場合には，その水深の圧力下において毎分60L以上，全面マスク式のようにデマンド式の圧力調整器を使用する場合には毎分40L以上とすることが必要です。

［高気圧作業安全衛生規則第28条（送気量及び送気圧）］

　問題には，使用する潜水器は「圧力調整器を使用しない方法」とありますので，必要な送気量は，水深の圧力下において毎分60L以上ということになります。一方，空気圧縮機の能力は「大気圧下で送気量が毎分210L」とありますので，この送気量で潜水できる潜水深度は，気体の体積と圧力の関係を示すボイルの法則から以下のように求められます。ボイルの法則は，

$$PV = P_1 V_1 = \mathrm{k}（一定）$$

　ここで，$P$及び$P_1$は気体の圧力，$V$及び$V_1$は気体体積，と示されますので，大気圧を100kPa（絶対気圧）とすると，

$$100(\mathrm{kPa}) \times 210(\mathrm{L}) = P_1 \times 60(\mathrm{L})$$

$$P_1 = 350(\mathrm{kPa})$$

となります。圧力には絶対圧力を用いていますので，350kPa（絶対圧力）に相当する水深は25mということになります。

## 《特別教育①》

【問97】

　潜水業務に伴う業務に係る特別の教育に関し，法令上，誤っているものは次のうちどれか。

(1)　潜水作業者への送気の調節を行うためのバルブ又はコックを操作する業務に就かせるときは，特別の教育を行わなければならない。

(2)　再圧室を操作する業務に就かせるときは，特別の教育を行わなければならない。

(3)　空気圧縮機及び空気槽の点検の業務に就かせるときは，特別の教育を行わなければならない。

(4)　特別の教育を行ったときは，その記録を作成し，これを３年間保存しなければならない。

(5)　特別の教育の科目の全部又は一部について十分な知識及び技能を有していると認められる労働者については，その科目についての教育を省略することができる。

（平成30年４月公表問題）

【正解】　誤っているものは，(3)。

　労働者を「空気圧縮機及び空気槽の点検の業務」に従事させる場合には，**規則による特別な教育は必要ありません。**

　潜水に関連する業務のうち，事業者に特別の教育の実施が義務付けられているものは，以下の２つです。

＜特別教育を必要とする潜水作業関連の業務＞

①　潜水作業者への送気の調節を行うためのバルブ又はコックを操作する業務

②　再圧室を操作する業務

　上記①に示されているように，作業者が送気の調整の業務に従事する場合には特別教育を実施しなければなりません。なお，規則では当該業務を「バルブ又はコックを操作する業務」と規定していますので，送気用空気圧縮機

を運転操作する業務については適用外となります。②の「再圧室を操作する業務」には，潜水病などの救急処置に関わる再圧のほか，緊急浮上時に行う再圧室での再圧業務（減圧のやり直し）も含まれます。

　労働安全衛生法では，安全衛生のため特別な知識や技能が必要として規定された危険有害作業に従事する作業者については，あらかじめ特別の教育を実施し，その記録を３年間保存することが義務付けられています。特別教育が必要な業務は，先の潜水作業関連の２業務を含め58業務が指定されており，規定によって教育すべき学科・実技の範囲と内容，および履修時間が定められています。なお新規に雇用した作業者を含め，当該作業に対して既に十分な知識，技能を有していると認められる者については，特別教育科目の一部もしくは全部を省略することができます。

［労働安全衛生法第59条（安全衛生教育）］
［労働安全衛生規則第36条（特別教育を必要とする業務）］
［労働安全衛生規則第37条（特別教育の科目の省略）］
［労働安全衛生規則第38条（特別教育の記録の保存）］
［高気圧作業安全衛生規則第11条（特別の教育）］
［高気圧業務特別教育規程第４条及び第５条］


《特別教育②》

**【問98】**

　再圧室を操作する業務（再圧室操作業務）及び潜水作業者への送気の調節を行うためのバルブ，又はコックを操作する業務（送気調節業務）に従事する労働者に対して行う特別教育に関し，法令上，定められていないものは次のうちどれか。

(1)　再圧室操作業務に従事する労働者に対して行う特別教育の教育事項には，高気圧障害の知識に関すること，救急再圧法に関すること及び関係法令が含まれている。

(2)　再圧室操作業務に従事する労働者に対して行う特別教育の教育事項には，救急蘇生法に関すること並びに再圧室の操作及び救急蘇生法に関する実技が含まれている。

(3)　送気調節業務に従事する労働者に対して行う特別教育の教育事項には，送気設備の構造に関すること及び空気圧縮機の運転に関する実技が含まれている。

(4)　送気調節業務に従事する労働者に対して行う特別教育の教育事項には，潜水業務に関する知識に関すること，高気圧障害の知識に関すること及び関係法令が含まれている。

(5)　特別教育の科目の全部又は一部について，十分な知識及び技能を有していると認められる労働者については，その科目についての教育を省略することができる。

（平成29年10月公表問題）

【正解】　定められていないものは，(3)。

　潜水作業者への送気調節業務に従事する労働者に対して行う特別教育に含まれる実技は，「空気圧縮機の運転に関する実技」ではなく**送気の調節の実技**です。具体的な実技内容は「送気の調節を行うバルブ又はコックの操作」を行うことが規定されています。

［高気圧作業安全衛生規則第11条（特別の教育）］
［高気圧業務特別教育規程第4条］

　他の選択肢の解説は下記のとおりです。

(1)及び(2)　再圧室操作業務に従事する労働者に対しては，その業務に従事する前に以下の項目について特別な教育を行わなければなりません。

　＜再圧室操作業務における特別教育項目＞

①　高気圧障害の知識に関すること

②　救急再圧法に関すること

③　救急蘇生法に関すること

④　関係法令

⑤　再圧室の操作及び救急蘇生法に関する実技

［高気圧作業安全衛生規則第11条（特別の教育）］
［高気圧業務特別教育規程第5条］

【問98】解説

(4) 送気調節業務に従事する労働者に対しては，その業務に従事する前に以下の項目について特別な教育を行わなければなりません。

　＜送気調節業務における特別教育項目＞

　　① 潜水業務に関する知識に関すること

　　② 送気に関すること

　　③ 高気圧障害の知識に関すること

　　④ 関係法令

　　⑤ 送気の調節の実技

［高気圧作業安全衛生規則第11条（特別の教育）］
［高気圧業務特別教育規程第4条］

(5) 特別教育は，「高気圧業務特別教育規程」に定められた科目，範囲，時間に従って実施しなければなりませんが，特別教育の科目の全部または一部について十分な知識および技能を有していると認められる労働者については，当該科目についての特別教育を省略することができます。

［労働安全衛生規則第37条（特別教育の科目の省略）］

　この省略が認められる者としては，①当該業務に関連した資格を有する者（潜水士等），②当該業務に関し職業訓練を受けた者（以前同種の教育を受けたことが確認できるもの）などが対象となります。

《特別教育③》

---

**【問99】**

　安全衛生教育に関し，法令上，誤っているものは次のうちどれか。

(1)　労働者を雇い入れたときは，その労働者に対し，原則として，従事する業務に関する一定の事項について，安全又は衛生のための教育を行わなければならない。

(2)　労働者の作業内容を変更したときは，その労働者に対し，原則として，従事する業務に関する一定の事項について，安全又は衛生のための教育を行わなければならない。

(3)　特定の危険又は有害な業務に労働者をつかせるときは，原則として，従事する業務に関する安全又は衛生のための特別の教育を行わなければならない。

(4)　安全又は衛生のための特別の教育の科目の全部又は一部について十分な知識及び技能を有していると認められる労働者については，その科目についての安全又は衛生のための特別の教育を省略することができる。

(5)　潜水業務を行うときには，「潜水作業者への送気の調節を行うためのバルブ又はコックを点検する業務」に従事する労働者に対して特別の教育を行わなければならない。

(令和2年4月公表問題)

---

**【正解】**　誤っているものは，(5)。

　作業者が送気の調節の業務に従事する際には，事前に特別教育を実施しなければなりません。その対象となる業務は「送気の調節を行うためのバルブ又はコックを点検する業務」ではなく，**「バルブ又はコックを操作する業務」**と規定されています。潜水業務では，このほかに「再圧室を操作する業務」に作業者を従事させる場合に特別教育が必要です。

　[高気圧作業安全衛生規則第11条（特別の教育）]

　他の選択肢の解説は下記のとおりです。

(1)　事業者は，労働者を雇い入れたときは，その労働者に対し，遅滞することなく，その従事する業務に関する安全又は衛生のための必要な事項につ

解説 問99

いて，教育を行わなければなりません。

[労働安全衛生法第59条（安全衛生教育）]
[労働安全衛生規則第35条（雇入れ時等の教育）]

(2) 事業者は，労働者を雇い入れたときと同様に，労働者の作業内容を変更したときにも，その従事する業務に関する安全又は衛生のための必要な事項について教育が必要となります。

[労働安全衛生法第59条（安全衛生教育）]
[労働安全衛生規則第35条（雇入れ時等の教育）]

(3) 事業者は，危険または有害な業務で，厚生労働省令で定めるものに労働者をつかせるときには，その業務に関する安全または衛生のための特別の教育を行わなければなりません。

[労働安全衛生法第59条（安全衛生教育）]

潜水業務に関して，厚生労働省令で定める危険または有害な業務としては，次のものが規定されています。

＜厚生労働省令で定める危険または有害な業務＞

　　1〜22　（略）

　　23　潜水作業者への送気の調節を行うためのバルブまたはコックを操作する業務

　　24　再圧室を操作する業務

　　25〜41　（略）

[労働安全衛生規則第36条（特別教育を必要とする業務）]

(4) 事業者は，特別教育の科目の全部または一部について十分な知識及び技能を有していると認められる労働者については，その科目についての特別教育を省略することができます。

[労働安全衛生規則第37条（特別教育の科目の省略）]

《潜降・浮上①》

【問100】

　携行させたボンベ（非常用のものを除く。）からの給気を受けて行う潜水業務に関し，法令上，誤っているものは次のうちどれか。

(1)　潜降直前に，潜水作業者に対し，当該潜水業務に使用するボンベの現に有する給気能力を知らせなければならない。

(2)　圧力0.5MPa（ゲージ圧力）以上の気体を充塡したボンベからの給気を受けさせるときは，2段以上の減圧方式による圧力調整器を潜水作業者に使用させなければならない。

(3)　潜水作業者に異常がないかどうかを監視するための者を置かなければならない。

(4)　潜水深度が10m未満の潜水業務でも，さがり綱（潜降索）を使用させなければならない。

(5)　さがり綱（潜降索）には，3mごとに水深を表示する木札又は布等を取り付けておかなければならない。

(令和元年10月公表問題)

【正解】　誤っているものは，(2)。

　事業者は，潜水作業者に**圧力1MPa（ゲージ圧力）以上の気体を充塡した**
**ボンベからの給気を受けさせるときには，**2段以上の減圧方式による圧力調整器を潜水作業者に使用させなければなりません。実際の潜水業務でこれに該当するのは，スクーバ式潜水です。スクーバ式潜水では，通常19.6MPaの空気を充塡したボンベが用いられます。このような高い圧力のままでは，呼吸に用いることはできませんので，潜水時には，ボンベに取り付けたファーストステージ・レギュレーターによって，先ず1段階目の減圧が行われ，潜水者が口にくわえたセカンドステージ・レギュレーターによって，呼吸に適した圧力まで2段階目の減圧が行われます。このように，2つのレギュレーター（圧力調整器）によって2段階の減圧が行われますので，規則に合致しています。送気式潜水方式の場合でも，船上に設置した高圧ボンベから送気

【問100】解説

する場合には，同様に2段階以上の減圧が必要です。

　　　［高気圧作業安全衛生規則第30条（圧力調整器）］

　他の選択肢の解説は下記のとおりです。

(1)　事業者は，潜水作業者に携行させたボンベからの給気を受けて行う潜水業務，すなわちスクーバ式潜水により潜水業務を行わせるときには，潜降直前に，使用するボンベが現に有する給気能力，すなわちボンベ残圧等を知らせなければなりません。

　　　［高気圧作業安全衛生規則第29条（ボンベからの給気を受けて行なう潜水業務）］

(3)　スクーバ式潜水方式で潜水作業を行う場合，事業者は，潜水作業者に異常がないかどうかを監視するための者（注：連絡員ではありません）を配置しなければなりません。なお送気式潜水では，連絡員が同様の業務を担当することになっています。

　　　［高気圧作業安全衛生規則第29条（ボンベからの給気を受けて行う潜水業務）第2号］

(4)　事業者は，潜水業務を行なうときには，潜水深度に関係なく，潜水作業者が潜降及び浮上するためのさがり綱を備え，これを潜水作業者に使用させなければなりません。

　　　［高気圧作業安全衛生規則第33条（さがり綱）］

(5)　さがり綱には，浮上停止の深度を示す位置，すなわち水深3mごとに木札又は布等を取り付けておかなければなりません。

　　　［高気圧作業安全衛生規則第33条（さがり綱）］

《潜降・浮上②》

【問101】

　潜水業務における潜降，浮上等に関し，法令上，誤っているものは次のうちどれか。

(1)　潜水作業者の潜降速度については，制限速度の定めがない。

(2)　潜水作業者の浮上速度は，事故のため緊急浮上させる場合を除き，毎分10m以下としなければならない。

(3)　圧力1MPa（ゲージ圧力）以上の気体を充填したボンベからの給気を受けさせるときは，2段以上の減圧方式による圧力調整器を潜水作業者に使用させなければならない。

(4)　緊急浮上後，潜水作業者を再圧室に入れて加圧するときは，毎分0.1MPa以下の速度で行わなければならない。

(5)　さがり綱（潜降索）には，3mごとに水深を表示する木札又は布等を取り付けておかなければならない。

（令和2年4月公表問題）

【正解】　誤っているものは，(4)。

　緊急浮上後，潜水作業者を再圧室に入れて加圧するときは，毎分0.1MPa以下ではなく，**毎分0.08MPa以下の速度**で行わなければなりません。

［高気圧作業安全衛生規則第14条（加圧の速度）］
［高気圧作業安全衛生規則第32条（浮上の特例）］

他の選択肢の解説は下記のとおりです。

(1)　潜降速度については，特に規定はありません。潜水時間（滞底時間）は潜降を開始した時から計時が開始されますので，目的深度での業務時間を確保するためにも無理のない範囲内で速やかに潜降するようにします。ただし，耳抜きの状態や潜水装備器材の動作等を確認するため，潜降は慎重に行う必要があります。

(2)　浮上速度は，毎分10m以下とすることが定められていますが，事故などのために潜水作業者を浮上させるときには，浮上の速度を速め，又は浮上

解説【問101】

を停止する時間を短縮することができます。

[高気圧作業安全衛生規則第18条（浮上の速度等：第27条の規定により読み替え）]
[高気圧作業安全衛生規則第32条（浮上の特例等）]

(3)　事業者は，潜水作業者に圧力1MPa（ゲージ圧力）以上の気体を充填し
たボンベからの給気を受けさせるときには，2段以上の減圧方式による圧
力調整器を潜水作業者に使用させなければなりません。実際の潜水業務で
これに該当するのはスクーバ式潜水ですが，船上に設置した高圧ボンベか
ら送気する場合には，送気式潜水の場合でも同様に2段階以上の減圧が必
要となります。

[高気圧作業安全衛生規則第30条（圧力調整器）]

(5)　潜水業務に使用するさがり綱には，3mごとに水深を表示する木札又は
布等を取り付けておかなければなりません。また，潜降・浮上の際には，
スクーバや送気式などの潜水方式に関係なく全ての潜水業務において，潜
水作業者にさがり綱を使用させなければなりません。

[高気圧作業安全衛生規則第33条（さがり綱）]

《ガス分圧制限》

【問102】

　潜水作業において一定の範囲内に収めなければならないとされている，潜
水作業者が吸入する時点のガス分圧に関し，法令上，誤っているものは次の
うちどれか。

(1)　酸素の分圧は，18kPa未満であってはならない。

(2)　酸素の分圧は，原則として160kPaを超えてはならない。

(3)　窒素の分圧は，400kPaを超えてはならない。

(4)　ヘリウムの分圧は，400kPaを超えてはならない。

(5)　炭酸ガスの分圧は，0.5kPaを超えてはならない。

（平成29年4月公表問題）

**【正解】**　誤っているものは，(4)。

　呼吸ガスに用いる**ヘリウムについては，分圧の制限は設けられていません。**潜水業務では，空気に加えて，ヘリウム混合ガスを呼吸ガスとして用いることができます。また，減圧時には酸素を用いることも可能です。このように，潜水業務では様々な呼吸ガスを用いることができますが，これらのガスによる健康障害を防ぐため，高気圧作業安全衛生規則では，酸素，窒素及び炭酸ガス（二酸化炭素）について，吸入する分圧に制限を設けています。すなわち，

＜吸入するガス分圧の制限範囲＞

①　酸素：18kPa（キロパスカル）以上160kPa以下

　　（ただし，潜水作業者が溺水しないよう必要な措置を講じて浮上を行う場合にあっては，18kPa以上220kPa以下とする。）

②　窒素：400kPa以下

③　炭酸ガス：0.5kPa以下

　これらのうち，酸素分圧の下限は酸素欠乏防止のため，上限は急性（中枢神経系）酸素中毒を防止するためのものです。急性酸素中毒の症状には癲癇様の痙攣発作がありますが，万一このような症状が生じた場合でも潜水者が溺水しないように十分な措置を講じれば，上限を220kPaとすることが認められています。ただし，酸素分圧220kPaは，生体にとって非常に高い値であり，安静状態でなければ急性酸素中毒を発症する可能性が高いので，事実上は減圧浮上時に限られます。

　窒素分圧は上限だけが定められていますが，これは窒素酔いを防止するためのものです。空気には約79％の窒素が含まれていますので，空気を用いて潜水する場合，吸入する窒素分圧が上限を超えないためには，潜水深度を40m以浅とする必要があります。

　炭酸ガスについても，炭酸ガス中毒防止の観点から上限が設けられています。

　　［高気圧作業安全衛生規則第15条（ガス分圧の制限）］

解説 問102

《点検①》

【問103】

　スクーバ式の潜水業務を行うとき，潜水前の点検が義務付けられている潜水器具の組合せとして，法令上，正しいものは次のうちどれか。

(1)　さがり綱，水中時計

(2)　水中時計，送気管

(3)　信号索，圧力調整器

(4)　送気管，潜水器

(5)　潜水器，圧力調整器

（平成26年4月公表問題）

【正解】　正しいものは，(5)。

　スクーバによって潜水業務を行うときに，潜水前の点検が義務付けられている潜水器具は，潜水器ならびに2段以上の減圧方式による圧力調整器（ファーストおよびセカンドステージ・レギュレーター）です。したがって，(5)が正解となります。潜水前点検で，そのまま使用すれば潜水作業者に危険または健康障害を及ぼすおそれのある不具合が認められた場合には，直ちに修理や取替えなどの措置を講じなければなりません。

　なお，潜水前点検の他に，スクーバでは，以下の機材について一定期間内に1回以上点検を行うことが義務付けられています。また，実施した定期点検の結果は記録し，3年間保存しなければなりません。

＜潜水器具と点検期間（スクーバの場合）＞

　　　潜水器具　点検期間

　・水深計　　　　1月

　・水中時計　　　3月

　・ボンベ　　　　6月

［高気圧作業安全衛生規則第34条（設備等の点検及び修理）］
［高気圧作業安全衛生規則第30条（圧力調整器）］

《点検②》

【問104】

　空気圧縮機による送気式の潜水業務を行うとき，法令上，潜水前の点検が義務付けられていない潜水器具は次のうちどれか。

(1)　さがり綱

(2)　水中時計

(3)　信号索

(4)　送気管

(5)　潜水器

（平成30年4月公表問題）

【正解】　義務付けられていないものは，(2)。

　送気式潜水では，**水中時計の潜水前点検は義務付けられていません。**

　空気圧縮機又は手押ポンプにより送気して行う潜水業務（すなわち，送気式潜水方式による潜水業務）では，潜水前に以下の潜水器具を点検することが義務付けられています。また，点検で不具合が認められた場合には，直ちに補修もしくは取り換えを行うことも規則によって定められています。

＜潜水前点検が必要な器具＞

　　・潜水器　　・送気管　　・信号索　　・さがり綱

　　・圧力調整器（レギュレーター）

　なお，潜水前点検の他，全面マスク式潜水を含む送気式潜水全般において，以下の機材について一定期間内に1回以上点検を行うことが義務付けられています。また，これら定期点検の結果は記録し，3年間保存しなければなりません。

＜潜水器具と点検期間（送気式潜水方式の場合）＞

| 潜水器具 | 点検期間 |
|---|---|
| ・送気用の空気圧縮機または手押ポンプ | 1週 |
| ・船上のボンベから送気する場合のボンベ | 6月 |

・空気圧縮機の空気清浄装置　　　　　　　1月

・水深計　　　　　　　　　　　　　　　　1月

・水中時計　　　　　　　　　　　　　　　3月

・流量計　　　　　　　　　　　　　　　　6月

　全面マスク式潜水など，潜水者に圧力調整器（デマンド・レギュレーター）を使用させる場合には，送気圧を測るための圧力計の設置が義務付けられていますが，この圧力計は規則による点検の対象とはなっていませんので，注意しましょう。

［高気圧作業安全衛生規則第34条（設備等の点検及び修理）］


《点検③》

【問105】

　法令上，空気圧縮機により送気して行う潜水業務を行うときは，特定の設備・器具について一定期間ごとに1回以上点検しなければならないと定められているが，次の設備・器具とその期間との組合せのうち，誤っているものはどれか。

(1)　空気圧縮機………………………………1週

(2)　水深計……………………………………1か月

(3)　送気する空気を清浄にするための装置…3か月

(4)　水中時計…………………………………3か月

(5)　送気量を計るための流量計……………6か月

（平成31年4月公表問題）

【正解】　誤っているものは，(3)。

　送気する空気を清浄にするための装置の点検は3か月ではなく**1か月以内**ごとに行うよう義務付けられています。なお潜水業務に使用する設備器具のうち，潜水の安全に関わる特定の設備器具については，その点検頻度が規則によって定められています。

　「事業者は，潜水業務を行うときは，次の各号に掲げる潜水業務に応じて，それぞれ当該各号に掲げる設備について，当該各号に掲げる期間ごとに1回以上点検し，潜水作業者に危険又は健康障害の生ずるおそれがあると認めたときは，修理その他必要な措置を講じなければならない。」

　1　空気圧縮機又は手押ポンプにより送気して行う潜水業務

　　イ　空気圧縮機又は手押ポンプ　1週

　　ロ　空気を清浄にするための装置　1月

　　ハ　水深計　1月

　　ニ　水中時計　3月

　　ホ　流量計　6月

　2　ボンベからの給気を受けて行う潜水業務

　　イ　水深計　1月

　　ロ　水中時計　3月

　　ハ　ボンベ　6月

［高気圧作業安全衛生規則第34条（設備等の点検及び修理）］

## 《点検④》

### 【問106】

　潜水業務に関し，法令に基づき記録することが義務付けられている記録，書類等とその保存年限との次の組合せのうち，法令上，誤っているものはどれか。

(1)　再圧室設置時に行う送気設備等の作動の状況の点検の結果の記録… 3年間

(2)　再圧室使用時の加圧及び減圧の状況を記録した書類……………… 5年間

(3)　潜水前に行う潜水器及び圧力調整器の点検の概要の記録………… 3年間

(4)　潜水業務を行った潜水作業者の氏名及び減圧の日時を記載した書類… 3年間

(5)　作業計画を記録した書類…………………………………………… 5年間

（令和2年4月公表問題）

解説 【問105】→【問106】

**【正解】** 誤っているものは，(4)。

事業者は，潜水業務を行った際には，実施した潜水方法や潜降浮上手順などの作業内容と併せて，潜水業務に従事した潜水作業者の氏名および減圧の日時を記載した書類を作成し，これを**5年間保存**しなければなりません。

[高気圧作業安全衛生規則第20条の2（作業状況の記録等）]

他の選択肢の解説は下記のとおりです。

(1) 事業者は，再圧室を設置した時及びその後1か月をこえない期間ごとに一定の事項について点検を行い，その結果を記録して，これを3年間保存しなければなりません。

[高気圧作業安全衛生規則第45条（点検）]

(2) 事業者は，再圧室を使用した場合には，その都度，日時や加圧減圧の状況を記録した書類を作成し，これを5年間保存しておかなければなりません。

[高気圧作業安全衛生規則第44条（再圧室の使用）]

(3) 事業者は，潜水業務を行うときは，潜水前に，潜水業務に応じてそれぞれ設備を点検し，潜水作業者に危険又は健康障害の生ずるおそれがあると認めたときは，修理その他必要な措置を講じなければなりません。点検した結果や，修理その他必要な措置を講じたときには，そのつど，その概要を記録して，これを3年間保存しなければなりません。

＜潜水前に点検が必要な設備＞

    1) 空気圧縮機または手押ポンプにより送気して行う潜水業務：潜水器，送気管，信号索，さがり綱及び圧力調整器

    2) ボンベ（潜水作業者に携行させたボンベを除く）からの給気を受けて行う潜水業務：潜水器，送気管，信号索，さがり綱及び2段階以上の減圧方式による圧力調整器

    3) 潜水作業者に携行させたボンベからの給気を受けて行う潜水業務：潜水器及び2段階以上の減圧方式による圧力調整器

[高気圧作業安全衛生規則第34条（設備等の点検及び修理）]

(5) 事業者は，作業計画を記録した書類を作成し，これを5年間保存しなけ

ればなりません。なお作業計画には以下の事項が必要です。

＜作業計画の記載事項＞

  1) 潜水作業者に送気し，またはボンベに充填する気体の成分組成

  2) 潜降を開始させる時から浮上を開始させる時までの時間

  3) 当該潜水業務における最高の水深の圧力（深度）

  4) 潜降及び浮上の速度

  5) 浮上を停止させる水深と浮上を停止させる時間

［高気圧作業安全衛生規則第20条の 2 （作業状況の記録等）］
［高気圧作業安全衛生規則第12条の 2 （作業計画）］

## 《連絡員①》

> 【問107】
>
>   潜水業務における連絡員の配置及びその職務に関し，法令上，誤っているものは次のうちどれか。
> (1) 送気式による潜水業務及び自給気式による潜水業務を行うときは，潜水作業者 2 人以下ごとに 1 人の連絡員を配置する。
> (2) 連絡員は，潜水作業者と連絡して，その者の潜降及び浮上を適正に行わせる。
> (3) 連絡員は，潜水作業者への送気の調節を行うためのバルブ又はコックを操作する業務に従事する者と連絡して，潜水作業者に必要な量の空気を送気させる。
> (4) 連絡員は，送気設備の故障その他の事故により，潜水作業者に危険又は健康障害の生ずるおそれがあるときは，速やかに潜水作業者に連絡する。
> (5) 連絡員は，ヘルメット式潜水器を用いて行う潜水業務にあっては，潜降直前に潜水作業者のヘルメットがかぶと台に結合されているかどうかを確認する。
>
> （平成28年10月公表問題）

解説 問107

【正解】 誤っているものは，(1)。

  **自給気式により潜水業務を行うときには，連絡員の配置は義務付けられて**

**いません**。送気式で潜水業務を行う場合には，潜水作業者２人以下ごとに１人の連絡員を配置しなければなりませんが，自給気式の場合には，潜水作業者に異常がないかどうかを監視するための者を配置することが義務付けられています。

[高気圧作業安全衛生規則第29条（ボンベからの給気を受けて行う潜水業務）２号]

なお，連絡員が行うべき支援業務として以下のものが定められています。

＜連絡員の業務内容＞

1) 潜水作業者と連絡を取り，潜降および浮上を適切に（安全に）行わせること

2) 送気調節を行う者と連絡を取り，潜水作業者に必要な量の送気を行わせること

3) 送気設備の故障やその他潜水作業者に危険を及ぼす事象が生じた場合に，その旨を速やかに潜水作業者に連絡すること

4) ヘルメット式潜水においては，潜水前にヘルメットがかぶと台に結合されていることを確認すること

[高気圧作業安全衛生規則第36条（連絡員）]


《連絡員②》

【問108】

送気式潜水器を用いる潜水業務における連絡員に関し，法令上，誤っているものは次のうちどれか。

(1) 連絡員については，潜水作業者２人以下ごとに１人配置する。

(2) 連絡員は，潜水作業者と連絡して，その者の潜降及び浮上を適正に行わせる。

(3) 連絡員は，潜水作業者への送気の調節を行うためのバルブ又はコックを操作する業務に従事する者と連絡して，潜水作業者に必要な量の空気を送気させる。

(4) 連絡員は，送気設備の故障その他の事故により，潜水作業者に危険又は

健康障害の生ずるおそれがあるときは，速やかにバルブ又はコックを操作
する業務に従事する者に連絡する。
(5) 連絡員は，ヘルメット式潜水器を用いて行う潜水業務にあっては，潜降
直前に潜水作業者のヘルメットがかぶと台に結合されているかどうかを確
認する。

(令和2年4月公表問題)

**【正解】** 誤っているものは，(4)。

送気設備の故障やその他潜水作業者に危険を及ぼす事象が生じた場合に，
連絡員がその旨を**速やかに連絡するのは「潜水作業者」**であり，「バルブ又
はコックを操作する業務に従事する者」ではありません。

空気圧縮機などからの給気を受ける送気式潜水方式で潜水業務を行うとき
は，潜水作業者と連絡を取る者として，潜水作業者2人以下ごとに1人の「連
絡員」を配置することが義務付けられています。また，連絡員が行う業務と
して以下のものが規定されています。

＜連絡員の業務内容＞

1) 潜水作業者と連絡を取り，潜降および浮上を適切に（安全に）行わせ
ること
2) 送気調節を行う者と連絡を取り，潜水作業者に必要な量の送気を行わ
せること
3) 送気設備の故障やその他潜水作業者に危険を及ぼす事象が生じた場合
に，その旨を速やかに潜水作業者に連絡すること
4) ヘルメット式潜水においては，潜水前にヘルメットがかぶと台に結合
されていることを確認すること

［高気圧作業安全衛生規則第36条（連絡員）］

解説 【問108】

## 《携行物①》

**【問109】**

　潜水業務とこれに対応して潜水作業者に携行，着用させなければならない物との組合せとして，法令上，正しいものは次のうちどれか。

(1) 空気圧縮機により送気して行う潜水業務（通話装置がない場合）
　　　　…………信号索，水中時計，コンパス，鋭利な刃物

(2) 空気圧縮機により送気して行う潜水業務（通話装置がある場合）
　　　　…………水中時計，水深計，鋭利な刃物

(3) ボンベ（潜水作業者に携行させたボンベを除く。）からの給気を受けて行う潜水業務（通話装置がない場合）
　　　　…………救命胴衣又は浮力調整具，信号索，水中時計，水深計

(4) ボンベ（潜水作業者に携行させたボンベを除く。）からの給気を受けて行う潜水業務（通話装置がある場合）
　　　　…………信号索，水中時計，コンパス

(5) 潜水作業者に携行させたボンベからの給気を受けて行う潜水業務
　　　　…………救命胴衣又は浮力調整具，水中時計，水深計，鋭利な刃物

（平成30年10月公表問題）

**【正解】**　正しい組合せは，(5)。

　潜水作業者に携行させたボンベからの給気を受けて行う潜水業務，すなわちスクーバ式潜水器を用いて行う潜水業務では，潜水作業者に，水中時計，水深計および鋭利な刃物を携行させるほか，救命胴衣または浮力調整具（BC）を着用させることが義務付けられています。

[高気圧作業安全衛生規則第37条（潜水作業者の携行物等）]

　他の選択肢の解説は下記のとおりです。

(1) 空気圧縮機により送気して行う潜水業務，すなわち送気式潜水器を用いて行う潜水業務では，通話装置の有無により携行物が異なります。通話装置がない場合には，信号索，水深計，水中時計および鋭利な刃物を携行することが必要ですが，**コンパスの携行は義務付けられていません。**

⑵ 送気式潜水器を用いて潜水業務を行うとき，通話装置がある場合には，携行することが必要なものは鋭利な刃物だけで，**水中時計や水深計の携行は義務付けられていません。**

⑶ 「ボンベ（潜水作業者に携行させたボンベを除く。）から給気を受けて行う潜水業務」は，船上に設置されたボンベから給気を受けることになりますので，送気式潜水となります。通話装置がない場合に必要な携行物は，信号索，水深計，水中時計に加え**鋭利な刃物が必要であり，救命胴衣又は浮力調整具は必要ありません。**

⑷ 潜水者に携行させず，船上に設置したボンベから給気を受けて送気式潜水を行う場合に必要な携行物は，空気圧縮機により送気して行う潜水業務の場合と同じです。送気式潜水で通話装置がある場合に**必要な携行物は鋭利な刃物であり，信号索，水中時計，コンパスは携行しなくても良いと**されています。

《携行物②》

【問110】

　潜水作業者の携行物に関する次の文中の　　　　内に入れるＡ及びＢの語句の組合せとして，法令上，正しいものは⑴～⑸のうちどれか。

「空気圧縮機により送気して行う潜水業務を行うときは，潜水作業者に，信号索，水中時計，水深計及び　Ａ　を携行させなければならない。ただし，潜水作業者と連絡員とが通話装置により通話することができるようにしたときは，潜水作業者に水中時計，　Ｂ　を携行させないことができる。」

|  | Ａ | Ｂ |
|---|---|---|
| ⑴ | コンパス | 水深計及びコンパス |
| ⑵ | コンパス | 信号索及びコンパス |
| ⑶ | 水中ライト | 信号索及び水深計 |
| ⑷ | 鋭利な刃物 | 信号索及び水深計 |
| ⑸ | 鋭利な刃物 | 水深計及び鋭利な刃物 |

（令和2年4月公表問題）

解説【問109】→【問110】

【正解】　正しい組合せは，(4)。

　潜水作業者に，「空気圧縮機若しくは手押ポンプにより送気して行う潜水業務又はボンベ（潜水作業者に携行させたボンベを除く）からの給気を受けて行う潜水業務」，すなわち送気式潜水方式で潜水業務を行う際には，潜水作業者に「信号索，水中時計，水深計及び**鋭利な刃物**」を携行させなければなりません。ただし，潜水作業者と連絡員とが通話装置により通話することができる場合には，「**信号索，水中時計及び水深計を携行させないことができる**」とされています。

　なお，いずれの潜水方式の場合でも，水中ライトやコンパスの携行は義務付けられていません。

［高気圧作業安全衛生規則第37条（潜水作業者の携行物等）］

## 《携行物③》

**【問111】**

　潜水作業者の携行物に関する次の文中の　　　　内に入れるA及びBの語句の組合せとして，法令上，正しいものは(1)～(5)のうちどれか。

　「潜水作業者に携行させたボンベからの給気を受けて行う潜水業務を行うときは，潜水作業者に，水中時計，　A　及び鋭利な刃物を携行させるほか，救命胴衣又は　B　を着用させなければならない。」

|  | A | B |
|---|---|---|
| (1) | 浮上早見表 | 浮力調整具 |
| (2) | コンパス | 浮力調整具 |
| (3) | コンパス | ハーネス |
| (4) | 水深計 | 浮力調整具 |
| (5) | 水深計 | ハーネス |

（平成28年10月公表問題）

【正解】　正しい組合せは，(4)。

　潜水作業者に携行させたボンベからの給気を受けて潜水業務を行う（すな

わちスクーバ式潜水で潜水業務を行う）ときには，潜水作業者に水中時計，**水深計**および鋭利な刃物を携行させるほか，救命胴衣または**浮力調整具**を着用することが義務付けられています。したがって，設問文中の［A］には「水深計」が，［B］には「救命胴衣又は浮力調整具」が該当しますので，(4)が正解となります。なお浮上早見表やコンパスの携行並びにハーネスの着用は，いずれの潜水方式においても義務付けられてはおりません。

［高気圧作業安全衛生規則第37条（潜水作業者の携行物等）］

《**健康診断①**》

---

【問112】

　潜水業務に常時従事する労働者に対して行う高気圧業務健康診断において，法令上，実施することが義務付けられていない項目は次のうちどれか。

(1)　既往歴及び高気圧業務歴の調査
(2)　四肢の運動機能の検査
(3)　血圧の測定並びに尿中の糖及び蛋白の有無の検査
(4)　視力の測定
(5)　肺活量の測定

（平成31年4月公表問題）

---

【正解】　義務付けられていないのは，(4)。

　健康診断時に，**視力の測定は義務付けられていません**。潜水業務は通常の生活ではありえない圧力（水圧）を受けるため，それに付随したさまざまな影響が人体に及びます。そのため，就業の際には十分な健康管理が必要となります。健康管理の一環として行われる健康診断は，潜水に適さない人や高気圧障害を起こす恐れのある人，潜水環境によって悪化が懸念される疾病に罹っている人を事前に発見し，潜水業務に就業させないことを目的としています。

　高気圧作業安全衛生規則には，その具体的な内容や疾病が示されていますが，大別すると，減圧症や他の高気圧障害，呼吸器疾患，循環器又は血液疾

解説
【問111】
↓
【問112】

患，精神神経系疾患，耳の疾患，運動器疾患，およびアレルギー性，内分泌系，物質代謝，栄養的疾患となっており，健康診断項目もそれらの疾病に対応したものとなっています。

＜規則による健康診断項目＞

1) 既往歴及び高気圧業務歴の調査
2) 関節，腰若しくは下肢の痛み，耳鳴り等の自覚症状又は他覚症状の有無の検査
3) 四肢の運動機能の検査
4) 鼓膜及び聴力の検査
5) 血圧の測定並びに尿中の糖及び蛋白の有無の検査
6) 肺活量の測定

［高気圧作業安全衛生規則第38条（健康診断）］

《健康診断②》

【問113】

　潜水業務に常時従事する労働者に対して行う高気圧業務健康診断に関し，法令上，誤っているものは次のうちどれか。

(1) 雇入れの際，潜水業務への配置替えの際及び定期に，一定の項目について，医師による健康診断を行わなければならない。
(2) 定期の健康診断は，潜水業務についた後6か月以内ごとに1回行わなければならない。
(3) 水深10m未満の場所で潜水業務に常時従事する労働者についても，健康診断を行わなければならない。
(4) 健康診断結果に基づいて，高気圧業務健康診断個人票を作成し，これを5年間保存しなければならない。
(5) 雇入れの際及び潜水業務への配置替えの際の健康診断を行ったときは，遅滞なく，高気圧業務健康診断結果報告書を所轄労働基準監督署長に提出しなければならない。

（令和2年4月公表問題）

**【正解】** 誤っているものは，(5)。

　高気圧業務健康診断の結果の報告は，「雇入れの際及び潜水業務への配置替えの際」ではなく，「**定期のものに限る**」と定められています。なお，高気圧業務健康診断結果報告書は，事業所（会社）の所在地を管轄する労働基準監督署長に提出します。

［高気圧作業安全衛生規則第40条（健康診断結果報告）］

　他の選択肢の解説は下記のとおりです。

(1)　事業者は，潜水業務に常時従事する作業者に対して，その作業者を雇い入れたとき，潜水業務に配置転換したとき，および定期に，以下の6項目について健康診断を行うことが義務づけられています。

　＜健康診断の項目＞

　　1)　既往歴及び高気圧業務歴の調査
　　2)　関節，腰若しくは下肢の痛み，耳鳴り等の自覚症状又は他覚症状の有無の検査
　　3)　四肢の運動機能の検査
　　4)　鼓膜及び聴力の検査
　　5)　血圧の測定並びに尿中の糖及び蛋白の有無の検査
　　6)　肺活量の測定

　　上記の健康診断の際に，医師が必要と判断した場合には，通常行われる項目以外に下記に示す4項目について追加の健康診断を行う必要があります。

　＜健康診断追加項目＞

　　7)　作業条件調査
　　8)　肺換気機能検査
　　9)　心電図検査
　　10)　関節部のエックス線直接撮影による検査

［高気圧作業安全衛生規則第38条（健康診断）］

(2)　高気圧業務健康診断は，潜水業務に常時従事する作業者を雇い入れたと

き，潜水業務に配置転換したとき，及び潜水業務に就いた後6月以内ごとに1回，定期に行わなければなりません。

［高気圧作業安全衛生規則第38条（健康診断）］

(3)　規則では健康診断の対象者を「潜水業務に常時従事する労働者」と定めています［高気圧作業安全衛生規則第38条（健康診断）］。また，規則では潜水業務を以下のように規定しています。

　「潜水器を使い，かつ，空気圧縮機若しくは手押しポンプによる送気又はボンベからの給気を受けて，水中において行う業務」

［労働安全衛生法施行令第20条（就業制限に係る業務）］

　したがって，潜水器を用いて行う潜水作業は，水深に関係なく全て潜水業務に該当しますので，健康診断の対象者となります。

(4)　潜水業務に係わる健康診断の結果は，労働者ごとに高気圧業務健康診断個人票を作成し，これを5年間保存することが義務づけられています。

［高気圧作業安全衛生規則第39条（健康診断の結果）］

## 《再圧室①》

### 【問114】

　再圧室に関し，法令上，誤っているものは次のうちどれか。

(1)　水深10m以上の場所における潜水業務を行うときは，再圧室を設置し，又は利用できるような措置を講じなければならない。

(2)　再圧室を使用するときは，出入に必要な場合を除き，主室と副室との間の扉を閉じ，かつ，それぞれの内部の圧力を等しく保たなければならない。

(3)　再圧室を使用したときは，1週をこえない期間ごとに，使用した日時並びに加圧及び減圧の状況を記録しなければならない。

(4)　再圧室については，設置時及びその後1か月をこえない期間ごとに一定の事項について点検しなければならない。

(5)　再圧室の内部に，危険物その他発火若しくは爆発のおそれのある物又は高温となって可燃物の点火源となるおそれのある物を持ち込むことを禁止しなければならない。

（平成30年10月公表問題）

【正解】 誤っているものは，(3)。

　再圧室を使用した場合には，**1週間を超えない**期間ごとではなく，**その都度**，日時や加圧減圧の状況を記録した書類を作成し，これを5年間保存しておかなければなりません。

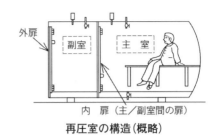

**再圧室の構造（概略）**

［高気圧作業安全衛生規則第44条（再圧室の使用）］

　他の選択肢の解説は下記のとおりです。

(1) 水深10m以上の潜水では，緊急浮上や減圧症発症など高気圧障害に対する救急処置に備えて，再圧室を設置し，又は利用できるような措置を講じるよう定めています。なお「水深10m以上」の記載に関しては高気圧作業安全衛生規則第27条を参照してください。

［高気圧作業安全衛生規則第42条（設置）］
［高気圧作業安全衛生規則第27条（作業計画等の準用）］

(2) 副室と主室の内部の圧力はそれぞれ等しく保たなければなりません。再圧室には，2室構造となっているものがあり，それぞれ主室，副室と呼ばれます。通常再加圧は主室内で行われ，副室は主室に問題が生じた際の避難用に用いられますので，使用する際には，支援などのために外部から出入りする必要がある場合を除き，主室と副室の間の扉を閉じ，かつそれぞれの内部の圧力を等しく保つよう義務づけられています。

［高気圧作業安全衛生規則第44条（再圧室の使用）］

(4) 再圧室については，設置時及びその後1月をこえない期間ごとに，次の事項について点検し，異常を認めたときには，直ちに補修または取り替えなければなりません。

　＜再圧室点検項目＞

　1) 送気設備及び排気設備の作動の状況

　2) 通話装置及び警報装置の作動の状況

　3) 電路の漏電の有無

問114 解説

4) 電気機械器具及び配線の損傷その他異常の有無

なお，上記の点検を行った結果は，記録して3年間保存することが義務付けられています。

[高気圧作業安全衛生規則第45条（点検）]

(5) 事業者は，再圧室の内部に危険物その他発火もしくは爆発のおそれのある物又は高温となって可燃物の点火源となるおそれのある物を持ち込むことを禁止し，その旨を再圧室の入口に掲示しておかなければなりません。条文中の「発火もしくは爆発のおそれのある物」とは，カイロ，マッチ，ライター，火薬類等を，「高温となって可燃物の点火源となるおそれのある物」とは電熱器，電気あんか，投光器等を指します。

[高気圧作業安全衛生規則第46条（危険物等の持込禁止）]
[昭和45年11月10日付基発第807号通達]

《再圧室②》

【問115】

再圧室の設置時及びその後1か月をこえない期間ごとに行う点検の事項として，法令上，義務付けられていないものは次のうちどれか。

(1) 送気設備及び排気設備の作動の状況

(2) 通話装置及び警報装置の作動の状況

(3) 電路の漏電の有無

(4) 電気機械器具及び配線の損傷その他異常の有無

(5) 主室と副室間の扉の異常の有無　　　　　（令和元年10月公表問題）

【正解】　義務付けられていないのは，(5)。

規則では，「主室と副室間の扉の異常の有無」の点検は義務付けられていません。点検が義務付けられている項目は以下のとおりであり，再圧室を設置したとき，および設置後1か月を超えない期間ごとに行わなければなりません。また，点検で異常が認められた場合には，直ちに補修もしくは取り替えなければなりません。

＜再圧室の点検項目＞
1）　送気設備及び排気設備の作動の状況
2）　通話装置及び警報装置の作動の状況
3）　電路の漏電の有無
4）　電気機械器具及び配線の損傷その他異常の有無

［高気圧作業安全衛生規則第45条（点検）］

《再圧室③》

【問116】

　再圧室に関する次のAからDの記述について，法令上，正しいものの組合せは(1)～(5)のうちどれか。
　A　水深10m以上の場所における潜水業務を行うときは，再圧室を設置し，又は利用できるような措置を講じなければならない。
　B　再圧室を使用するときは，再圧室の操作を行う者に加圧及び減圧の状態その他異常の有無について常時監視させなければならない。
　C　再圧室は，出入に必要な場合を除き，主室と副室との間の扉を閉じ，かつ，副室の圧力は主室の圧力よりも低く保たなければならない。
　D　再圧室については，設置時及びその後3か月をこえない期間ごとに一定の事項について点検しなければならない。
(1)　A，B
(2)　A，C
(3)　A，D
(4)　B，C
(5)　C，D

（令和2年4月公表問題）

解説【問115】→【問116】

【正解】　正しいものの組合せは，(1)。

　問題に記されているA～Dを個別に検討すると，以下のようになります。
A：○　事業者は，水深10m以上の場所で潜水業務を行うときは，潜水作業者の救急処置を行うために必要な再圧室を設置し，又は利用できるよう

な措置を講じなければなりません。

[高気圧作業安全衛生規則第42条（設置）]

　事業者は，再圧室を設置した場所及び再圧室を操作する場所へ，必要のある者以外の者が立ち入ることを禁止し，その旨を見やすい箇所に表示しておかなければなりません。

[高気圧作業安全衛生規則第43条（立入禁止）]

B：○　事業者は，再圧室の操作を行う者に，加圧及び減圧の状態やその他異常の有無について常時監視させなければなりません。なお規則では，再圧室使用時に実施すべき要領を以下のように定めています。

＜再圧室使用時の要領＞

　1)　事業者は，再圧室を使用するときは，次に定めるところによらなければならない。

　　①　その日の使用を開始する前に，再圧室の送気設備，排気設備，通話装置及び警報装置の作動状況について点検し，異常を認めたときは，直ちに補修し，又は取り替えること。

　　②　加圧を行なうときは，純酸素を使用しないこと。

　　③　出入に必要な場合を除き，主室と副室との間の扉を閉じ，かつ，それぞれの内部の圧力を等しく保つこと。

　　④　再圧室の操作を行なう者に加圧及び減圧の状態その他異常の有無について常時監視させること。

　2)　事業者は，再圧室を使用したときは，そのつど，加圧及び減圧の状況を記録しておかなければならない。

[高気圧作業安全衛生規則第44条（再圧室の使用）]

C：×　再圧室使用時には，出入に必要な場合を除いて，主室と副室との間の扉を閉じますが，その際各室の圧力は**「副室の圧力は主室の圧力よりも低く保たなければならない」**ではなく，「それぞれの内部の圧力を等しく保つ」ようにしなければなりません。

[高気圧作業安全衛生規則第44条（再圧室の使用）第1項第3号]

D：×　再圧室の点検は，「**3か月を超えない期間ごと**」ではなく，設置時
及び設置後「**1か月をこえない期間ごと**」に実施しなければなりません。
なお点検の際には以下の要領で行うことが規則によって定められています。

＜再圧室の点検＞

　1）　事業者は，再圧室については，設置時及びその後1月をこえない期
　　　間ごとに，次の事項について点検し，異常を認めたときは，直ちに補
　　　修し，又は取り替えなければならない。

　　①　送気設備及び排気設備の作動の状況

　　②　通話装置及び警報装置の作動の状況

　　③　電路の漏電の有無

　　④　電気機械器具及び配線の損傷その他異常の有無

　2）　事業者は，前項の規定により点検を行なったときは，その結果を記
　　　録して，これを3年間保存しなければならない。

［高気圧作業安全衛生規則第45条（点検）］

　上記のように，正しい記述はAとBになりますので，(1)が正解となります。

## 《潜水士免許①》

【問117】

　潜水士免許に関し，法令上，誤っているものは次のうちどれか。

(1)　満18歳に満たない者は，免許を受けることができない。

(2)　潜水業務に現に就いている者が，免許証を滅失したときは，所轄労働基
　　準監督署長から免許証の再交付を受けなければならない。

(3)　免許証を他人に譲渡し，又は貸与したときは，免許を取り消されること
　　がある。

(4)　重大な過失により，潜水業務について重大な事故を発生させたときは，
　　免許を取り消されることがある。

(5)　潜水業務に就こうとする者が，氏名を変更したときは，免許証の書替え
　　を受けなければならない。　　　　　　　　　　　　（平成30年10月公表問題）

解説［問117］

【正解】　誤っているものは, (2)。

　免許証の交付を受けた者で, 潜水業務に現に就いているもの又は就こうとするものが, 免許証を滅失したり, 損傷したときは, 所轄労働基準監督署長ではなく, 免許証の交付を受けた**都道府県労働局長**もしくは現在の住所を**管轄する都道府県労働局長**に所定の免許証再交付申請書を提出して, 免許証の再交付を受けなければなりません

　　［労働安全衛生規則第67条（免許証の再交付又は書替え）］

　他の選択肢の解説は下記のとおりです。

(1)　潜水士免許は, 満18歳に満たない者に対しては交付されません。

　　［労働安全衛生法第72条（免許）］
　　［高気圧作業安全衛生規則第53条（免許の欠格事由）］

(3)　免許を受けた者が免許証を他人に譲渡したり, 貸与したときは, 都道府県労働局長によって, 免許の取り消し, または, 6か月を超えない範囲内の期間で免許の効力を停止されることがあります。

　　［労働安全衛生法第74条（免許の取消し等）］
　　［労働安全衛生規則第66条（免許の取消し等）］

(4)　都道府県労働局長は, 免許を受けた者が以下に示す事項のいずれかに該当する場合には, その免許を取り消し, または期間を定めてその免許の効力を停止することができます。

　　＜免許取消事由＞

　　①　故意又は重大な過失により, 当該免許に係る業務について重大な事故を発生させたとき。

　　②　当該免許に係る業務について, この法律又はこれに基づく命令の規定に違反したとき。

　　③　当該免許が第61条第1項の免許（潜水士免許など就業制限に係る免許）である場合にあっては, 第72条第3項に規定する厚生労働省令で定める者（心身の障害により業務を適正に行うことができない者）となったとき。

④　第110条第1項の条件（身体又は精神の機能に障害がある者に付した作業の限定などの条件等）に違反したとき。

⑤　前各号に掲げる場合のほか，免許の種類に応じて，厚生労働省令で定めるとき。

［労働安全衛生法第74条（免許の取消し等）］

(5)　免許証の交付を受けた者で，潜水業務に就こうとするものが，「本籍または氏名を変更したとき」には，免許証の書替えが必要です。なお免許証の書替えに関する規則は以下のとおりです。

＜免許証の書替え＞

・事　　　由：氏名を変更したとき

・申請方法：免許証書替申請書にて申請する

・申　請　先：免許証の交付を受けた都道府県労働局長又は現住所を管轄する都道府県労働局長

［労働安全衛生規則第67条（免許証の再交付又は書替え）］

## 《潜水士免許②》

【問118】

潜水士免許に関する次のAからDの記述について，法令上，誤っているものの組合せは(1)～(5)のうちどれか。

A　水深10m未満での潜水業務については，免許は必要でない。

B　満18歳に満たない者は，免許を受けることができない。

C　故意又は重大な過失により，潜水業務について重大な事故を発生させたときは，免許の取消し又は免許の効力の一時停止の処分を受けることがある。

D　免許証を滅失又は損傷したときは，免許証再交付申請書を労働基準監督署長に提出して免許証の再交付を受けなければならない。

(1)　A，B

(2)　A，C

(3)　A，D

　(4)　B，C
　(5)　B，D

（令和元年10月公表問題）

【正解】　誤っているものの組合せは，(3)。

　設問にあるA～Dを個別に検討すると，以下のようになります。

A：×　潜水深度にかかわらず，潜水業務に就く者は潜水士免許を受けた者
　　　でなければなりません。

［高気圧作業安全衛生規則第12条（潜水士）］

B：○　潜水士免許は，満18歳に満たない者に対しては交付されません。

［労働安全衛生法第72条（免許）］
［高気圧作業安全衛生規則第53条（免許の欠格事由）］

C：○　都道府県労働局長は，免許を受けた者が次の各号のいずれかに該当
　　　するに至ったときは，その免許を取り消し，または期間を定めてその免
　　　許の効力を停止することができる，とされています。
　　①　故意または重大な過失により，当該免許に係る業務について重大な
　　　　事故を発生させたとき。
　　②　当該免許に係る業務について，この法律またはこれに基づく命令の
　　　　規定に違反したとき。
　　　　＜以下省略＞

［労働安全衛生法第74条（免許の取消し等）］

D：×　免許証の再交付申請書は，「労働基準監督署長」ではなく，「**免許証
　　　の交付を受けた都道府県労働局長**」または申請者の「**住所を管轄する都
　　　道府県労働局長**」に提出して，再交付を受けなければなりません。

［労働安全衛生規則第67条（免許の再交付又は書替え）］

　上記のように，AとDが誤っていますので，(3)が正解となります。

## 《構造規格①》

【問119】

　次の設備・器具のうち，法令上，厚生労働大臣が定める規格を具備しなければ，譲渡し，貸与し，又は設置してはならないものはどれか。

(1)　潜水業務に用いる空気清浄装置

(2)　潜水業務に用いる流量計

(3)　潜水業務に用いる送気管

(4)　潜水器

(5)　潜水服

（平成30年10月公表問題）

【正解】　譲渡，貸与，設置してならないものは，(4)。

**ヘルメット式潜水器**
〈構造規格が定められた潜水器〉

　潜水業務に用いる潜水設備器材のうち，厚生労働大臣が定める規格を具備しなければ，譲渡し，貸与し，又は設置してはならないものは，選択肢のうちの「**潜水器**」となります。空気清浄機や流量計，送気管，空気圧縮機，空気槽などは潜水に不可欠な設備器具ですが，これらについて厚生労働大臣の定める規格はありません。

　潜水業務にはさまざまな潜水器が利用されますが，このうち厚生労働大臣の定める規格を有するのはヘルメット式潜水器（右図）だけです。このほかの全面マスク式潜水器やスクーバは対象ではありません。

［労働安全衛生法第42条（譲渡等の制限等）］
［労働安全衛生法施行令第13条（厚生労働大臣が定める規格又は安全装置を具備すべき機械等）］

解説【問119】

## 《構造規格②》

> ### 【問120】
>
> 　厚生労働大臣が定める規格を具備しなければ，譲渡し，貸与し，又は設置
> してはならない設備・器具の組合せとして，正しいものは次のうちどれか。
> (1)　空気清浄装置，潜水器
> (2)　空気清浄装置，再圧室
> (3)　再圧室，空気圧縮機
> (4)　潜水器，再圧室
> (5)　潜水器，空気圧縮機　　　　　　　　　（令和元年10月公表問題）

【正解】　正しい組合せは，(4)。

　潜水業務に用いる設備器具のうち，**厚生労働大臣が構造規格を定めている**
**ものは「潜水器」および「再圧室」**です。したがって，選択肢の(4)の組合せ
が正解となります。労働安全衛生法では，危険な作業を伴うものや危険もし
くは健康障害を防止するために使用する設備器具に関しては，厚生労働大臣
が定める構造規格または安全装置を具備していなければ，譲渡し，貸与し，
または設置してはならないとしています（労働安全衛生法第42条）。潜水業務
に用いる「潜水器」と「再圧室」は，「危険もしくは健康障害を防止するため
に使用する設備器具」に該当するため規則の適用対象となっています。潜水
器とは，潜水作業者が使用する水中呼吸装置のことであり，全面マスク式潜
水器やスクーバ式潜水器などがありますが，規則の適用対象となるものはヘ
ルメット式潜水器だけで，他の潜水器は適用外となっています。再圧室は，
圧縮空気によって圧力調整が可能な部屋（チャンバー）を持つ装置で，減圧症
（潜水病とも言います）などの対処に用いられています。緊急時に減圧を省略
して浮上した潜水作業者を収容し，減圧症を防ぐ予防措置にも利用されます。

　　［労働安全衛生法第42条（譲渡等の制限等）］
　　［労働安全衛生法施行令第13条（厚生労働大臣が定める規格又は安全装置を具備すべき機械等）］
　　［昭和47年労働省告示第147号（再圧室構造規格）］
　　［昭和47年労働省告示第148号（潜水器構造規格）］

# 受験の手引き

## 1．潜水士免許のあらまし

　事業者は，潜水器を用い，かつ，空気圧縮機もしくは手押しポンプによる送気またはボンベからの給気を受けて，水中において行う業務には，潜水士免許を有する者でなければ就かせてはならないことと定められています（労働安全衛生法第61条，労働安全衛生法施行令第20条第9号，高気圧作業安全衛生規則第12条）

## 2．指定試験機関

　現在，公益財団法人安全衛生技術試験協会が全国で唯一の指定試験機関として労働安全衛生法および作業環境測定法に基づく試験を行っています。

　試験は，全国7箇所に設けられている下記の安全衛生技術センター（以下「センター」という）で毎年3回～6回行っています。

　試験日は，各センターで毎年度作成している「各種免許試験案内」やインターネットホームページ（https://www.exam.or.jp/）により公表されています。

**試験場所**

| 名　　　　称 | 所　在　地 | 交　　　通 |
|---|---|---|
| 北海道安全衛生　　　　　　技術センター<br><br><br><br><br><br><br><br><br><br><br><br><br>試験定員　200人 | 〒061-1407<br>北海道恵庭市黄金北3-13<br>電話 0123(34)1171 | ①JR千歳線利用，恵庭駅下車，東口から北海道文教大学へ800m直進し，正門より左折200m先。徒歩約13分<br>②高速道路経由で車を利用する場合，恵庭インターを下りて左折，センターまで約3.5km<br>③国道36号線経由で車を利用する場合，<br>　(1)恵庭バイパス経由で恵庭市総合体育館裏の信号を札幌方面からは右折，千歳方面からは左折して400m先<br>　(2)市街地経由は，NTT前交差点を，長沼方面に約1.7km，JR跨線橋を越えて最初の信号を右折して300m先 |

| | | |
|---|---|---|
| 東北安全衛生<br>　　　技術センター<br><br><br><br><br><br><br><br>試験定員 200人 | 〒989-2427<br>宮城県岩沼市里の杜<br>1-1-15<br>電話 0223(23)3181 | ①JR仙台駅より東北本線または常磐線で岩沼駅下車（20分）岩沼駅から徒歩で約25分（約2km）<br>②車を利用する場合，国道4号線東側沿い岩沼警察署の南交差点より東側に折れ，スズキ病院角を右折。（岩沼警察署から約3分）<br>③岩沼駅からタクシーで約5分（約2km）<br>④岩沼駅前から岩沼市民バスに乗車。「市民会館前」または「陸上競技場前」下車。 |
| 関東安全衛生<br>　　　技術センター<br><br><br><br><br><br><br><br><br><br><br><br><br><br><br><br>試験定員 550人 | 〒290-0011<br>千葉県市原市能満<br>2089<br>電話 0436(75)1141 | ①JR内房線五井駅（快速停車）下車，東口バス停3番乗車口より，学科試験日に限り「技術センター」行き直通バスを試験開始時間に合わせて運行（約20分）<br>②学科試験日以外は，JR内房線八幡宿駅（快速停車）下車，西口バス停1番乗車口より「山倉こどもの国」行きバスを利用し「上大堀」または終点「山倉こどもの国」で下車（約25分），徒歩約10分<br>③千葉方面から車を利用する場合，国道16号線八幡橋先，市原埠頭入口にて国道297号線（勝浦方面）に左折，「キッズダム」を目標に市原埠頭入口より約15分<br>④五井駅からタクシーで約15分 |
| 中部安全衛生<br>　　　技術センター<br><br><br><br>試験定員 300人 | 〒477-0032<br>愛知県東海市加木屋<br>町丑寅海戸 51-5<br>電話 0562(33)1161 | ①名鉄河和線南加木屋駅下車（名鉄名古屋駅から急行約30分），徒歩約15〜20分<br>②車を利用する場合，名古屋高速道路・知多半島道路を利用，大府東海ICを下りて左折5分（名古屋から約25分） |
| 近畿安全衛生<br>　　　技術センター<br><br><br><br><br><br>試験定員 300人 | 〒675-0007<br>兵庫県加古川市神野<br>町西之山字迎野<br>電話 079(438)8481 | ①JR加古川駅より加古川線に乗りかえ，2つ目の神野駅下車，徒歩約18分<br>②JR加古川駅北出口より神姫バス「県立加古川医療センター行」または「神野駅行」で「試験センター前」バス停下車，徒歩約5分<br>③加古川駅北出口からタクシーで約10分 |

| | | |
|---|---|---|
| 中国四国安全衛生<br>技術センター<br><br><br><br><br>試験定員 300人 | 〒721-0955<br>広島県福山市新涯町<br>2-29-36<br>電話 084(954)4661 | ①JR福山駅下車，駅前の中国バス4番のりば「福山港行」または「箕沖行」で「福山港」バス停下車（約25分）徒歩約5分。「卸町行」で終点「卸町」バス停（乗車時間約22分）から徒歩15分（1時間に3〜4本あり）<br>②車を利用する場合，山陽自動車道福山東ICから南へ約7km<br>③福山駅からタクシーで約20分（約7km） |
| 九州安全衛生<br>技術センター<br><br><br><br><br><br><br><br><br><br>試験定員 300人 | 〒839-0809<br>福岡県久留米市東合川5-9-3<br>電話 0942(43)3381 | ①JR鹿児島本線久留米駅前バスセンターおよび西鉄大牟田線久留米駅バスセンターより<br>・西鉄バス「吉井行（20系統）」または「田主丸行（25系統）」で「千歳市民センター入口」バス停下車徒歩約8分<br>・西鉄バス「地場産センター経由北野行（22系統）」で「地場産センター入口」下車徒歩約3分<br>②タクシーでJR久留米駅から約20分，西鉄久留米駅から約10分<br>③車で九州自動車道久留米ICから約3分（ICの北側） |

## 3. 試験のあらまし

(1) 受験資格　　なし（免許の交付条件はあります）

(2) 受験申請手続き

受験申請する場合は，受験しようとするそれぞれのセンターに受験申請書を郵送するかまたは直接窓口に持参します。

受験申請には試験協会が指定する所定の用紙を使用します。

受験申請用紙は，各センターおよび各都道府県労働基準（安全衛生）協会（連合会）等で頒布しています。申請に際しての必要書類の一覧および試験手数料（6,800円）の払込み用紙等も，これに綴込みにしてあります。

なお，障害のため受験にあたり特別な配慮を希望する場合は，事前にセンターに申し出ていただくことになっています。

(3) 申請書の受付期間

　　受付期間は，それぞれの試験日の2か月前から14日前まで（当日消印有効，センターに直接持参して申請する場合は休日を除く2日前まで）となっています。

　　ただし，受験者数が試験定員を超えたときは，その時点で受付が締め切られ，第2希望日となります。

(4) 試験結果の発表

　　試験の結果は「免許試験合格通知書」または「免許試験結果通知書」により直接受験者に通知されます。また，合格者については受験番号が試験協会のホームページで発表されます。

## 4．試験の内容

(1) 試験科目および試験範囲

　ア　試験科目と試験範囲

| 試　験　科　目 | 試　験　範　囲 |
|---|---|
| 潜水業務 | 潜水業務に関する基礎知識　潜水業務の危険性及び事故発生時の措置 |
| 送気，潜降及び浮上 | 潜水業務に必要な送気の方法　潜降及び浮上の方法　潜水器に関する知識　潜水器の扱い方　潜水器の点検及び修理の仕方 |
| 高気圧障害 | 高気圧障害の病理　高気圧障害の種類とその症状　高気圧障害の予防方法　救急処置　再圧室に関する基礎知識 |
| 関係法令 | 労働安全衛生法（昭和47年法律第57号）、労働安全衛生法施行令（昭和47年政令第318号）及び労働安全衛生規則（昭和47年労働省令第32号）中の関係条項　高気圧作業安全衛生規則 |

　ロ　試験科目の免除　　なし

(2)　試験時間

　　　試験は，上表の試験範囲で五肢択一式で行われ，試験時間は，午前2科目2時間・午後2科目2時間の合計4時間です。

(3)　出題形式

　　　試験は筆記試験で行われ，出題形式は五肢択一であり，解答にはマークシート方式の解答用紙が使われています。

(4)　合否の判定

　　　合格の基準は各科目ごとの得点が40％以上で，かつ，全科目の得点の合計が60％以上の場合です。


# 5．その他

(1)　試験に合格した方は免許試験合格通知書を免許申請書に添えて申請し，免許の交付を受けて下さい。（当該免許申請・交付については，東京労働局免許証発行センターが行っています。なお，お問い合わせはお住まいの都道府県労働局にお願いします。）

　　　免許申請書は，都道府県労働局または労働基準監督署で頒布しております。厚生労働省ホームページからダウンロードすることもできます（https://www.mhlw.go.jp/stf/seisakunitsuite/bunya/0000106467.html/）。

(2)　その他試験についての照会は各センターまたは協会本部まで。

　　　公益財団法人　安全衛生技術試験協会

　　　〒101-0065

　　　東京都千代田区西神田3―8―1 千代田ファーストビル東館9階

　　　電話 03-5275-1088　ホームページ https://www.exam.or.jp/


《潜水士免許等の資格範囲の見直し》

　高気圧作業安全衛生規則および労働安全衛生規則の一部改正により，潜水士免許を受けることができる者として，厚生労働大臣が定める以下の者が追加されました（平成30年2月9日公布，同日施行）。なお，関係告示についても改正されています。

　外国において潜水士免許等を受けた者に相当する資格を有し，かつ潜水士免許等を受けた者と同等以上の能力を有すると認められる者（潜水業務または高圧室内業務の安全および衛生上支障がないと認められる場合に限る。）。

潜水士試験問題集 － 模範解答と解説〈120題〉 －

| 平成23年12月27日 | 第1版第1刷発行 |
| 平成27年12月1日 | 第2版第1刷発行 |
| 平成30年2月28日 | 第3版第1刷発行 |
| 令和2年11月30日 | 第4版第1刷発行 |
| 令和5年5月17日 | 第3刷発行 |

　編　　者　中央労働災害防止協会
　発 行 者　平 山　剛
　発 行 所　中央労働災害防止協会
　　　　　　〒108-0023
　　　　　　東京都港区芝浦3丁目17番12号
　　　　　　　　　　　吾妻ビル9階
　　　　　　電話　販　売　03（3452）6401
　　　　　　　　　編　集　03（3452）6209
　印刷・製本　松 尾 印 刷 株 式 会 社

落丁・乱丁本はお取り替えいたします。　　　©JISHA 2020
　ISBN978-4-8059-1969-9　C3060
中災防ホームページ　https://www.jisha.or.jp/